不同血型的你，可以像商品一样被说明

血型和性格有没有一定的关联？有，当然有！

在日本，这个研究血型的"第一王国"，不同血型的人怎样恋爱、怎样工作，就连一双方便筷子怎么掰，不同血型的人，也有着不同的方法！

然而，即使在这样的一个国度，也有着对血型人根深蒂固的歧视和偏见——"A型人刻板、B型人散漫、O型人开朗上进和AB型人的古怪"。

可是，一样米养百样人，怎么能以一种刻板印象，来限定一个类型的人呢？

于是，有了这位横空出世的天才：Jamais Jamais。

作为一个B型人，作者将A型人、B型人、O型人、AB型人的特质表现得一览无余，像手术刀一样犀利，一扫人们心目中的固有成见！除了幽默、准确、有趣，这套系列还有一个与众不同的特色：它们同时是说明书。

没有干巴巴的理论分析，也没有引经据典，而是将血型人视为一种生物机器，详尽解析其个人基本操作、与他人的外部接触、兴趣、特长等各种设定，工作、学习、恋爱等程序设计，自我崩溃时的故障，日常记忆的内存，以及最后血型性格的自我检测等，上千条说明选项，一目了然。

对于血型性格的全新描述，以及说明书的搞怪形式，让这套血型系列大红大紫，同时，也引起日本社会的热烈讨论。无论在party上，还是朋友小聚，还是结识新交，甚至公司人际……"血型说明书"都能成为一个话题开口，让周围的人都感兴趣。

你是什么血型？

你想认识身边不同血型的朋友么？

你想在暗恋的人、打算结识的朋友、需要应酬的伙伴……面前打开话题，吸引人们的注意力，调和人际关系么？

那么，就翻开这套书吧。别忘了，"说明书"的最终目的，是为了使用。

A型的我们

真的是刻板、认真,又循规蹈矩?

正如白开水

虽然健康,却未免单调和乏味

不,才不是这样

在宁静的外表下

我们的心也在活泼地律动

这本说明书

替A型的我们

说出心底真实的话

如果你不是A型

那么也请通过它来了解我们

前所未有的总结

将来可能也少见

以商品说明的方式

——展开、——铺陈

A型生命轨迹中的点点滴滴

我们是冒着泡的山泉

清澈见底

却一路欢涌、奔腾

Jamais Jamais

[日] 雅梅雅梅／著绘

刘玮／译

A型人说明书

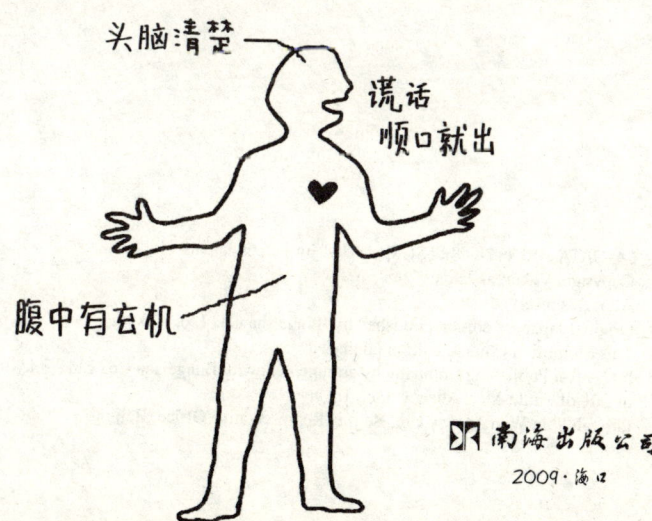

"A-GATA JIBUN NO SETSUMEISHO" by Jamais Jamais
Copyright © Jamais Jamais 2008.
All rights reserved.
Original Japanese edition published by Bungeisha Co., Ltd., Tokyo.
This Simplified Chinese edition published
by Nanhai Publishing Company by arrangement with Bungeisha Co., Ltd., Tokyo
in care of Tuttle-Mori Agency, Inc., Tokyo
through Shin Won Agency Co., Beijing Representative Office, Beijing.

前言

你好,或者应该说,初次见面。
我是 Jamais Jamais。
曾经写过一本
《B 型人说明书》,
意外地获得了很大反响。
真是很意外。
多谢大家。
有些读者要求"写一些关于其他血型的书"。
我一直对血型怀着浓厚的兴趣,
于是在观察周围的人获得宝贵经验后,
并在 A 型朋友的帮助下,
写了这本《A 型人说明书》。

不多说了,让我们开始吧。

目 录

前言 5

1 本书使用方法 8

2 基本操作 _____ 自己/行为 11

3 外部连接 _____ 他人 37

4 各种设置 _____ 倾向/兴趣/特长 61

5 程序 _____ 工作/学习/恋爱 80

6 遇到问题·故障时 _____ 自我崩溃 93

7 存储器·其他 _____ 记忆/日常 96

8 模拟实验 _____ 这时的A型人会如何 102

9 计算方法 _____ A型指数检测 110

后记 112

A型人说明书

1 本书使用方法

　　这是一本为想了解自己的 A 型人，以及那些想要了解 A 型人的非 A 型人，而写作的说明书。

　　一说起 A 型人，似乎总令人兴趣索然。

　　"A 型人就是循规蹈矩！""只会完全按照生活常识来行动。"云云。

　　所以，明明是初次见面，却有一股像是被看穿的空气流窜而出。咻～～～

　　等等，老兄！

　　就算是 A 型人，也不是不懂变通啊……

　　您是没见识过他们"小宇宙大爆发"的时候！

　　不过，他们比平常人更会"和空气交流"，每每欲言又止、造成冷场。

　　加上 A 型人向来不会表现得热情洋溢，还犹豫着要不要大发感慨，话题早已经更换啦！

　　所以，大家平常看到的 A 型特征，只不过是表面的部分。

　　那么内心世界呢？搞不好完全相反。

1 本书使用方法

举例来说，

表面上，"A 型人很较真，什么事都得按规矩来。"

不对、不对，

内心里，"A 型人闷骚得很，最喜欢搞笑的事情。"

怎么会产生这种矛盾呢？

因为，连 A 型人自己也不知道毛病出在哪。

不管什么时候，内心老是一片混乱，

因此被人误会的事情也层出不穷。

"你是个什么样的人？"

为了能够充分表现出

"我是这样的人"

首先，就从了解自己开始吧！

完成本书的步骤

1. 翻到下一页之前，必须不断告诉自己："我一定拥有 A 型特质！"
   如果不这样做，就会变得认真而抱怨"胡说八道，根本不准"。
2. 绝对不可以一个人在公众场合看，会觉得很丢脸。不信？试试看就知道了！

3. 先读读看,不要用理性来武装自己。
4. 在符合的项目上画上勾,就完成说明书了。
5. 重要项用记号笔画勾。
6. 然后,试着拉近和某人的距离吧。
7. 鼓励自己"向他介绍自己"。
8. 然后一起读说明书,也可以预先熟记内容后直接在口头上实践。
9. 这样和对方建立友情,当然也可能会吵架,关系告一段落。
10. 进行实际应用,下一次,尝试用自己的语言来制作说明书!

2 基本操作

自己/行为

"我…""A型人…""他/她…"

☐ A型血也好、A型人也好，还是喜欢A型。

☐ 即使如此，根本就不觉得自己像A型人。

☐ **天生劳碌命。**

"正在欣赏排整齐的书，别人却开始从另一头弄乱。"

"很简单的事，明明和对方说清楚该怎么做，结果还是被搞成一团乱麻。"

☐ 做事一板一眼。老实说自己也嫌麻烦。

☐ 冒冒失失失。

看清楚，多写一个字了。

☐ **钱包里总是整整齐齐。**

☐ **包包里分门别类,连一片纸屑也不会有。**

☐ 明明是容量很小的包,不可思议的是,什么乱七八糟的东西都塞进去了。

☐ 拗不住别人强行求助。明明就没有帮忙的义务嘛……

☐ 擅长装出一副"我才不在乎"的样子。

☐ 其实心里头却介意得要死!啊啊啊……我干嘛要装出一副无所谓的样子啊……

☐ 归根结底,就是放不下别人的看法。

☐ 要是被人讨厌就惨了……

☐ 啊啊~~没有办法,还是很在意!

☐ **别人说话时,绝活就是随声附和。**

☐ **然后铁定被误会成"拍马屁"。**

☐ **偏偏,死穴就是说不出"才不是这样咧!"**

☐ 喜欢平静安稳的生活。

☐ 换句话说就是不想变化。

☐ 不想搬家。我就是要待在这里！我不会搬出去的！

☐ **动不动就撞到人。**

☐ 默默努力。

☐ 做事按部就班。

☐ 但经常出错。

☐ 把"我们需要变革"挂在嘴上，可要是动真格就开始反抗。讨厌！现在这样子不是很好吗？

□ 一旦价值观被否定就开始抓狂。

□ 正经八百。一肚子常识。脑子却不够灵光。

□ **让向右就向右。**
　让向左就向左。
　让向"上"就……
　请问"上"是哪个方向?

□ 是参谋型的女人,也就是传说中男人背后的贤内助。和人走路时都跟在三步开外——简直是把"贤妻"二字写在脸上。

□ 总在别人看不见的地方埋头苦干。喂,快出来!

□ 在家老是磨磨蹭蹭,跟蠕虫似的。

□ "啊啊啊,怎么那么麻烦啊!"

□ 但还是在殚精竭虑。

☐ 对方圆十里内的空气很敏感，360° 监控雷达 24 小时打开。

☐ 不愿暴露弱点。

☐ 对外很亲善，在家是暴君。

☐ 就算群体嘲弄他人，自己也绝不落井下石。才不是因为厚道咧，而是怕对方发飙！

☐ 其实很想找个人发一通牢骚。

☐ 也想耍耍任性。

☐ 一旦相信就会深信不疑。

☐ 对想纠正自己的人嗤之以鼻。对，嗤之以鼻！

☐ 也许前世是一匹狼。

☐ 怀着这样的幻想。

☐ 心中自鸣得意:"我可是个可靠的人!"

☐ 不过只有一点点啦。就一点点可靠而已!

☐ 讨厌被人指出失败。

☐ 所以期待自己的表现无懈可击。尽管实际上一点儿也不完美。

☐ 不想露出马脚,虽然浑身都是破绽。

☐ 随着年龄增长,个性也会改变。

☐ 做事慢条斯理,条理倒还清晰。

☐ 与人交流言简意赅。

☐ 下定决心前,总是摇摆不定。

☐ 一旦下定决心,就一鼓作气向前冲。

☐ 没有把握的事不去碰。

☐ 喜欢一切都井然有序的样子。

☐ 要是有人敢毛手毛脚弄乱东西,哼!马上皱起眉头。

☐ 怀着怒气把东西默默归位,私底下又得意起来。

☐ 意志坚定。不管心中再怎么动摇,就是不会轻易被撂倒。

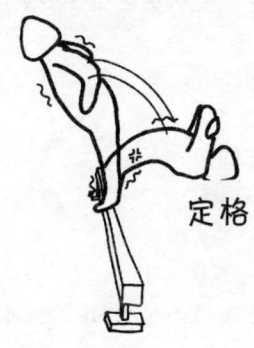

定格

☐ 不懂装懂。

☐ 因为会毫不迟疑地将知识照本宣科。

☐ 对此没有自知之明,在不自觉的情况下就丢人现眼了。

- [ ] 主张多一事不如少一事。

- [ ] **礼貌得过头。**

- [ ] "欲速则不达",所以慢悠悠。

- [ ] 能按照自己的意志改变生活方式。

- [ ] 想要自我提升。燃烧吧,小宇宙!

- [ ] 想要好好投资自己。变得更更更……更厉害。

- [ ] 约定是用来遵守的。

- [ ] 时间也是用来遵守的。

- [ ] 信用第一。

- [ ] 不遵守是因为那根本就不是"约定"。我才不承认那种约定!

- [ ] "冲刺吧,博尔特!"像这样完成使命。

□ 可惜却冲错了方向。

□ 之后才发现跑错道。

啊？！从哪里开始走错的？

反正现在也回不去了。将错就错，前进！前进！

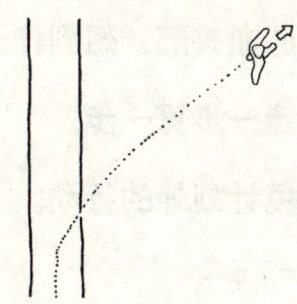

□ 动不动就买点东西"打赏自己"，由衷地心花怒放。

Yeah！买到了！太棒了！

□ 对细节穷抓不放。

"室友的鞋子没有成双成对放在一起"（背地里嘀咕）。

"洗头液瓶口上粘着卷发"（还粘着呢）。

"文件顺序不对"（1 3 2 4~ 看看，搞反了吧）。

□ 但却硬扛出"不在意"的样子。万一被说成小心眼就糟了。

☐ 觉得自己属于"大器晚成"型。

☐ 疑心病重。
"没关系啦！"
"是吧。"（嘴上这么说，心里却想，真的没关系吗？）

☐ **绝不会心血来潮，想到什么就做什么。**

☐ **更不会走一步算一步。**

☐ **尽量避免计划外的行动。**

☐ 没有把握不出手。

☐ 要干就干到底。最讨厌半途而废。

☐ 常常说："我非……不可。"

☐ 就连英语作文里也充满了"Have to"。

☐ 也想跟人开开玩笑。

2 基本操作

- [ ] **若无其事地放冷箭。咻！咻！**
  一边还笑得很无辜。
  "啊哈哈哈，你不觉得自己太无聊了吗？"

- [ ] 遵守传统或习俗。

- [ ] 对传统节日毫无抵触。不会觉得讨厌。
  "大年初一要去庙里拜拜。"
  "清明节要去给祖先扫墓。"

- [ ] 寻求安定。

- [ ] 最讨厌变化。

- [ ] 一条路线走到死。
  "今天走那条路吧"——这种事绝不会发生。

- [ ] 遵照常识行动。这是成年人应有的举止，不是吗？

- [ ] 不管是谁，都说自己是个"循规蹈矩的人"。
  真希望能够一直如此！

- [ ] **不会说任性的话，总是在附和别人的意思。**

☐ 就算想说也说不出口。

☐ 不管做什么事,都会尽量配合别人。

☐ 没事啦!忍耐一下下,事情更完美。

☐ 于是被称作"好好先生"。

☐ 其实自己也想提要求。

☐ 但不敢强烈坚持。

☐ 因为生怕伤害别人。

☐ 内里还藏着一颗"不想被别人讨厌"的心,若隐若现。

☐ 一直很客气。

☐ **啊,快要起争执了!然后赶紧把头缩回去。千万不要有冲突。**

☐ 自言自语说,"如果这样就能平息事端,也值得。"

□ 很认真。

□ 正因如此,才想冲破条条框框。

□ 但却做不到。

□ 不过一旦冲出去,就再也收不住脚。
而且不再回来了。

□ 心思老在半空中飘来荡去。飘啊飘~

□ 且慢,A型人的内心可是强大得很呢。不信你看!

□ 有自己的一套原则,常说"非这样做不可!"

□ **自说自话。
当众讲笑话,还没说完就笑得前仰后合。**
"……那堵墙啊,以前,噗!在前面,啊哈哈哈!"

2 基本操作

☐ 是成年人就必须妥协。忍耐是成熟者才会懂的事。

☐ 因为这个社会就是这样的。

☐ 大家都退一步，不就海阔天空了？

☐ 被人感谢就轻飘飘。哇，我的形象好高大，都看不见脚尖了～

☐ 一旦失败，心情就跌落谷底。
人家不想吃饭了……

☐ 要是受到什么打击，就会迟迟无法重新站起。

☐ 效率也随之一落千丈。
"喀嚓↓喀喀"，咕咚、咕咚、咕咚……

☐ 发型万年不变。
今天也是三七分。很好！

2 基本操作

- [ ] 责任感超强。

- [ ] 一旦接受任务,就会奋战到最后。

- [ ] 一边咬牙承受压力,一边全力奋战攻击。

- [ ] 擅于挑战极限。

- [ ] 一个人孜孜不倦地埋头苦干。

- [ ] 从各方面权衡后,有些事一打头就不会去接受。因为看上去再怎么也完不成嘛。

- [ ] 做事绝不制造"烂尾楼"。

☐ 不会做"独创性"的事。因为一旦失败,承受的打击更大。

- [ ] 说得更白一点,其实根本就没法儿独创。

☐ 自尊心很强。

☐ 但可不是高高在上。只是有些地方不愿妥协。

☐ 也没办法妥协。

☐ 人家一捧就没辙。

☐ "只有你才能做这件事啊"。
　　一听到就开始眉花眼笑。

☐ "哪里哪里,像我这样的半吊子。"
　　嘴巴上谦虚,心里头早乐开了花。

☐ "我就知道,什么事没了我都不行。"
　　一下子就得意忘形了。

☐ 那些麻烦不已的习惯,毫无困扰地一一执行。
"上紧闹钟。"
"洗澡前摘掉项链、耳环、戒指,对了,还有发卡。"
"遵守隐形眼镜的使用事项。"
"穿扣子多到反常的衣服。"

☐ 我是风中柳，随风摇啊摇。摇来~晃去~
对嘛，随风摆动多好。

☐ 个性死僵。

☐ 自己的原则？绝不让步！只是装出让步的样子而已~

☐ 头脑死硬。

☐ 所以被说成"死脑筋"。

☐ ↑止打算做作业时，却被催"快写功课！"
本来就打算做的啦！催什么催。
啊啊啊，烦死了，不要做了！
——心情就会变成这样。

☐ 想和他人有所关联。

- [ ] 是个怕寂寞的人。

- [ ] 内心深处总藏着掖着点什么。

- [ ] 一遇到困难就会停滞不前,不过,就算迷失方向也绝不回头。
那就先停下来。对了,从这里开始一点一点地往前挪。

- [ ] 平凡是福(至于野心,就在梦里过过瘾好啦)。

- [ ] 拥有自己的小天地。

- [ ] 讨厌花俏的东西。

- [ ] **偶尔会逃避现实,但兜个圈子就回来。**
我走了……我回来了。

- [ ] **宁守勿攻。**
最讨厌鞋上还沾着泥就跑进人家房间的家伙。

□ 绝不吐露真心。

□ 不会去赶时髦,虽然有点兴趣。

□ 要是只有自己站在潮流的尖端,该多丢人啊!

□ **当时尚变成主流时就会去掺一脚。**
咦,街上的人都开始戴塑料手表?我也去排队买一个。
就是这样的情况。

2 基本操作

☐ 有强大的执念。对事情念念不忘。
   "我还记着那件事呢,都20年了对吧?"

☐ 吃盒饭时,总从一个角开始挖。

☐ 吃饭的速度会配合旁边的人。

☐ **飞机上的盒餐吃完后,会将外表整理成从没人动过的样子。**
   明明就要丢进垃圾箱了。

☐ 总觉得小孩子的吃相非常可爱。

☐ 经常这样说。

☐ 再滑稽的法律也是法律。所以还是要遵守。
   既然这样规定了,就没办法咯。

☐ 其实也巴不得随心所欲。只是愿望!

☐ 向往"自由自在"。
   这个东西要在哪里才能买到啊?

☐ 不过就某种意义而言,搞不好自己才是最随心所欲的吧。

☐ 常被人说成"接人待物很周全"。

☐ 很容易对别人推荐的东西着迷。

☐ 然后再推荐给别人。
　这个很好噢！转卖给你吧。

☐ 八卦来源从来不是自己。

☐ 对一般的礼仪娴熟于心。

☐ 不想引人注目。

☐ **不能忍受没有规则。一刻也不能！必须树立终极榜样，出台终极版本。踩线即死！**

☐ 不过，踩线的往往是自己。

☐ 一副老气横秋的样子。
　唉哟，这个是年轻人干的活啦！

☐ 但一旦发飙，就挡者杀无赦。因为停不下来了。

2 基本操作

☐ 比起孤注一掷，还是安定性重要。算了算了，待在这儿就挺好。

☐ 自己的事例，总是很难说服别人。连想一想都很麻烦。

☐ 总让人担心：你一个人能行吗？

☐ 我又不是小孩子，没问题！就算独个儿也没关系，船到桥头自然直。

☐ 容易被怂勇。
啊，不知不觉就答应了！

☐ **做事不得要领。**

☐ **哪有，只是看起来那样子！人家只是按部就班在做，才不是不得要领。
咦，我现在做到哪儿了？**

☐ 懒得考虑自己的事情。谁能来帮我想想啊？

☐ 放心！你的事就算再麻烦，我也会挂在心头的！

☐ 总想打退堂鼓。

☐ **与其跟人争吵，还不如晾在一边。**

☐ 把自己隐藏得太深，结果心情跌到谷底。

☐ 才不要主动和人低头道歉。

☐ 就算是自己错，也说不出"对不起"。

☐ 唉，做错事了……可他明明也有不对嘛！

☐ 虽然讨厌这样的自己，但还是一直拖拖拉拉不去解决。

□ 有时超没耐心。

外表和颜悦色的，但心里早就开了锅。

□ 心不在焉地接电话。

□ 有一点勉强，就会"听不见"。

你说什么啊？我一点也听不见喔~

□ 要是路上遇到长舌妇，我也"没看见"~

□ 邮件总是设定为"还没有看"。

我可不是无视你的存在！只不过收到Email应该是三小时以后的事，所以我现在还不知道才对。

□ 真相是拖延。"时间长了就自然没人管了"。

□ 不会轻易敞开心房。

"喀嚓""砰！"

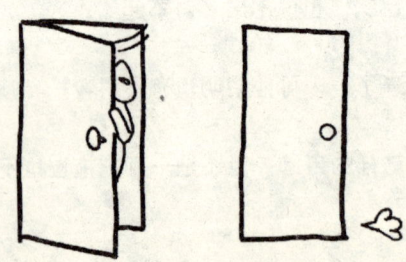

☐ 就算状态不好，也强撑出一副精神十足的样子。

☐ 因为不想让周围的人觉得麻烦。

☐ 不过，可巴不得别人能关心下自己。

☐ "没关系的。""我挺得住！"结果，病情就这么恶化了。

☐ 还被医生责备："怎么拖到现在才来？"
"对不起。"

☐ 很容易受伤。

☐ 心是玻璃做的。
"这人有点差劲啊。""噼里啪啦！"心就这么碎了一地。

☐ 属于那种一被肯定就会发奋成长的人。

☐ 要是被责难，整个人就畏缩起来。本来就是嘛！

- [ ] 忠言逆耳利于行，可还是喜欢听顺耳的话。

- [ ] 与其决然前行，不如随波逐流。

- [ ] 缺乏决断力。
  能拖多久就拖多久，濒临过期也下不了决心。

- [ ] 非常重视边边角角的细节。

- [ ] 会记得一些怪异的歌舞。

☐ 看起来很讨厌怪得冒傻气的东西，其实心里喜欢得不得了。

"古怪的电视节目。"
"诡异的待机画面。"
"无厘头的台词。"
"莫名其妙的角色。"

- [ ] 到现在也搞不清楚自己想做什么。

3 外部连接

他人

☐ **不反感团体活动。**

☐ 喜欢扎堆。吃饭扎堆,去厕所也扎堆,就连走路时也往人群里钻。

☐ 但是好累啊!呼啦呼啦一坨人。

☐ 所以一旦逮到一个人独处的机会,就赶紧松一口气。

☐ 老对人家好,可从来没人领情。

☐ 不要给人添麻烦(听上去像是哪家的家训)。

☐ 常常同情他人。

☐ 所以会伸出援手。

☐ 只要一帮忙起来，就浑然忘我。

☐ 会因为对方的笑容而觉得幸福。
"谢谢"，这真是世上最动听的话！

☐ 要是看到有人一口吃两根薯条就会火大。一根一根吃嘛！

☐ 递书给别人时，会很注意封面的方向。

☐ 递剪刀的时候会将尖端朝着自己，生怕别人误会自己要行凶！
"冷静点，你先把刀子放下来，我们有话好好说，好不好？"
这可真糟糕。

☐ 换了别人把刀刃随便递过来，自己就会很生气。

☐ 但只是把气闷在心里，不会提醒对方注意。

- [ ] 只是从此对这个人改观而已。

    瞧,你刚才的行为很看不起人啊!这样的态度也行吗?

☐ 当在一起的同伴冒傻气时,会立即装作不认识他。这可是条件反射!

- [ ] 和不认识的人闲话拉呱。明明就不知道他是谁。

- [ ] 不过,我可不会第一个攀谈。

- [ ] 但只要对方先开口,谈话会就此展开。例如在医院的候诊室。

- [ ] 会选择无关痛痒的话题。例如天气、最近的新闻。

- [ ] 心里头抱怨,"这种话题真是够无聊的!"

- [ ] 会忽然惊觉,干嘛要跟这个人搭上线!

- [ ] 但一旦无话可聊,自己又会拼命寻找下一个话题。

3 外部连接

☐ 一旦从这个对话中解放,就会大大松一口气。呼,好累——

☐ 对了,刚才那个人到底是谁啊?

☐ 会夹在两人的争吵中发懵。

☐ 因而惊慌失措、坐立不安。

☐ 结果两边都给开罪了。明明自己又没有做错事,真可怜啊!

☐ 看见别人打开盒饭,就想给他泡杯茶。

☐ 有恩必报。

☐ 万一不小心跌倒在路上,会四处打望。因为非常在意周围人的眼光。

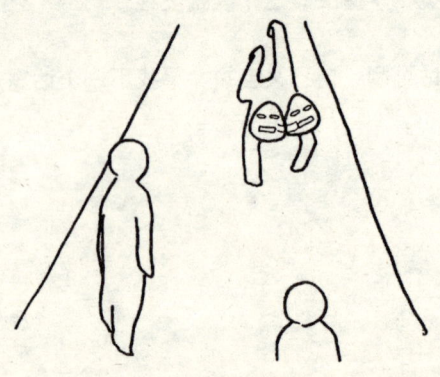

☐ 对第一次见面的人心怀警戒。

　　谁？干嘛的？是真的吗？

☐ 但态度却十分亲切，而且笑容满面。

☐ 装作相处得很融洽。

☐ 藉此留心对方的反应。

☐ 慢~慢地花时间观察对方。

☐ 看，露出马脚了吧！我就知道，吼，还好没有相信你。

☐ 但还是装模作样地"相信"他。

☐ **为人相当恶劣。老狐狸一只！**

3 外部连接

☐ 没有办法和刚认识的人开玩笑。

☐ 想要搞笑,结果弄巧成拙把气氛搞得更冷。真要命!你看看你,啊,才几秒钟就把脸都丢光了!

☐ 说出来的笑话和新闻播报一样冷,听后想扯扯嘴角都难。出于礼貌,大家都干笑起来。
"哈、哈、哈、哈。""啊……接下去呢……呵呵,哈哈。"

☐ "知识和教养都是种束缚"——很想这样说说看。

☐ **别人只要稍微一关心,就会 100% 地信赖对方。**

☐ **曾被伪装的善意所欺骗。这个混蛋!**

☐ 一旦被人刨根问底,刚开始还礼貌回答,渐渐却很不耐烦。跟你很熟吗?

☐ 但却对别人的隐私充满兴趣。

☐ 再无聊的小事,也不愿显得自己不知道。

☐ 从前的可笑绰号死也不想让人知道。

☐ 总是逼不得已听人发牢骚。

☐ 被人当成疗伤的港湾,因为会不由自主像亲人般给予关爱。

☐ 然后抱在一起号啕大哭。

☐ 一旦两人独处,对方不说话自己就很不安。
(眼睛真是不知道看哪里好)刚才明明还很热络的说……

3 外部连接

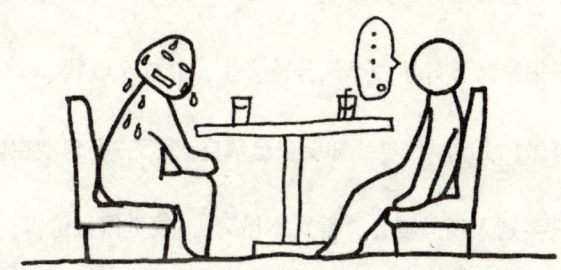

☐ 是我招人嫌了吗?还是做错了什么事?到底怎么了嘛!
顿时手足无措。

☐ 赶紧没话找话,对方却有一搭没一搭的。大概是嫌和我这样
的人在一起太无聊了吧。
自己倒先生起气来。

- [ ] 但到头来,还是非常在意别人心里的想法。

- [ ] 因为不想被讨厌。

- [ ] **在聚会上,会留意所有人的杯子是否见底。**
  服务员,不好意思,再来4杯。

- [ ] 会把那些被遗忘在一旁的人拉进来聊天。

- [ ] **结果,此人从头到尾滔滔不绝。**
  啊,好想和那边的人聊啊。

- [ ] 脑子里早就算好了每个人分摊多少,并挨个收钱。

- [ ] 这样做门儿清,但零头却要自己填空。完了,荷包空空如也。

- [ ] 但只要别人说"宴会办得真不错啊",就觉得很值得。

- [ ] 没法和那种不体谅人的家伙打交道。

- [ ] 就算打交道也不交心。

□ 那种"非做不可"的事，到头来只会落在自己头上。因为别人都忘了这回事。

□ 对于拥有自己所没有才能的人，心里真是羡慕得要命。

□ 不，是嫉妒！所以才故意说风凉话。

□ 不管做什么事，都希望能顺利进行。

□ 一旦出现障碍，心里就像有猫爪挠。

□ 我不坏你的好事，你也别来搅局！

□ 说得明白一点，就是别烦我！混蛋！

□ 但脸上还是笑嘻嘻的。

□ 因为觉得赤裸裸地表达自己的感情，是一件很丢脸的事。

□ 发现大家为某件事争论得沸沸扬扬时，就会想：就为这点子事？都多大的人了！

3 外部连接

☐ 但这种想法不会表达出来，反而装作若无其事地看看手表，顺便偷瞄一下周围的人。

☐ 要是没有人察觉，就觉得"超级丢脸"。

☐ **因为没有主见，所以经常被人看扁。**

☐ **所以总结出了最高杆的应对技巧。就是敷衍。**

"噢，原来是这样！你好厉害哦！"好，下一个——

☐ 不过偶尔会炫耀自己的实力，让人小小吃一惊。

☐ 会慷慨大方地请客。

☐ 不想在别人面前显得太小气。

☐ 死爱面子。

☐ 但自己可不会承认，"我才不在乎面子咧！"

☐ 曾因多疑而避免吃亏。

☐ 别人有了问题常常找自己商量。

☐ 会像亲人一样倾听,因此成为职业垃圾桶。

☐ 会和对方一起大发雷霆。

☐ 不过也会好好听一听另一方的说法,然后作出公正的判断。

☐ 只是"看似"公正,实际上还是偏袒对自己哭诉的那一方。

☐ 最震惊的是,"自己还啥都不知道,事情已经在进行了!"

☐ 比如好朋友撂下自己,和同事去旅行等等。
这……他为啥不告诉我啊?

☐ 就算只是朋友,也会吃醋嘛。

☐ 但这可不会说出来,只是会说,"噢,是吗?那好好玩吧"。

3 外部连接

☐ 一旦信任对方,就会友谊地久天长。

☐ 不过会自发筑起一堵墙。呐,只准到这里,不许再前进了。

☐ 说到底,心里的那扇门根本就没打开过。

☐ 但在死党面前却能表现出真实的自我。吼,好轻松——

☐ **坐的时候会选择下位,哪怕没有长辈在场。**

☐ 但除了自己,压根没人在意这一点。

☐ 大家都若无其事地坐上座。

☐ 诶,你们是真不懂还是装傻啊?很想问一问。

☐ 总觉得,"不管怎样,就是不可以长幼无序"。

☐ 这件事得好好记住。这帮家伙真不靠谱!

☐ 看见有人对前辈说话没大没小，会替他捏一把冷汗。"他说了，他竟然说出来了，这个家伙！"

☐ 然而只有自己周围的空气会因此瞬间上冻。

☐ 看见有人不肯敞开心门，就很想帮他打开。

☐ 懂得如何让人打开心扉，因为自己也是同类。

☐ 不过，别指望我把这方面的秘诀告诉你。

☐ 就算是好朋友,也要保持距离。会对亲近的人这样说,不过只是在心里说。

☐ 非常重视上下关系。部下永远是部下,上级永远是上级。

☐ 很讨厌吊儿郎当的人。座右铭是:"别捣乱,保持和谐。"

☐ 觉得到哪都吵吵嚷嚷的人很讨厌。

☐ 以下台词至少说过一遍:
"好了好了,别吵了。"
"他很容易招人误解,但人还是挺不错的。"
"实际上我会在心里对你下评论,这段时间都是。"
"那种情况下谁也没办法啊。"
"你不去体谅别人的真心是不行的。"

☐ 觉得所有人都在给自己添麻烦。

- [ ] 对自己制定的计划会有种莫名其妙的自信。

- [ ] 遇到有人吹毛求疵，会很想说，"把你的臭嘴闭上！"

- [ ] 自尊心告诉自己：我不想遭到别人指责，就改正过来。
  这可不是我说的，是自尊心说的。

- [ ] 所以才顽固不化，哪怕明知道自己在钻牛角尖也不想回头。

- [ ] **是茅坑里的石头。又臭又硬。**

- [ ] 不过一旦有人说"你这样做就是不对"时，会很心虚，忐忑不安。

- [ ] 虽然如此，说不改就不改。

- [ ] 或许自己是有些不对劲，但左找右找却不知具体在哪。
  "真是够了，我有什么地方不对的？明明很完美。"

3 外部连接

☐ 很会劝诱那些非常客气的人。

☐ 对于草率轻浮的人完全看不惯。字典上竟会有"草率轻浮"这个词条!

☐ 好吧,不过我懒得去查了。下次吧。

☐ 但所谓的"下次"永远也不会来。

☐ 能够马上适应全新的人际关系。

☐ 不过那是装出来的。

☐ 会为别人的错误擦屁股。

☐ 被拜托时一点也不会不高兴。"啊!我怕是帮不上大忙吧。"

☐ 嘴上说得这么客套,心里早乐开了花。啦啦啦,嘴巴都合不拢啦~

☐ 不过出岔子的要是自己,可就受不了让别人帮忙善后。

- [ ] 不会第一个表达看法。

- [ ] 因为要是被"枪打出头鸟",遭受的打击就太大了。咣当!

- [ ] 大家决定就好了。

- [ ] 请大家赶紧决定吧,拜托。

- [ ] 决定好以后我会照做的。

- [ ] 真的,我没一点儿想法,你们直接决定就好,我以后绝不会发牢骚的。

- [ ] 但是总有人在背后说东道西。绝不原谅这种人!

- [ ] "决定了!!"
   "咦?可是……"
   没有什么"可是",已经就这样决定了!

3 外部连接

☐ 对待这种家伙，就必须拿出大伙儿的决定来压他。

☐ 有时为了别人会变得很大胆。

☐ 就算和反对派争到脸红脖子粗也无所谓。

☐ 这样是不是老在吃亏呢？

☐ 那些嫉妒心强的人真的很令人头大。请你们把嫉妒转化为努力好吗？

☐ 受不了别人总是反复无常。

☐ 因此被评价为"不懂得变通"。

☐ 这话一听就火大。说话时就不能裹几层糖衣吗？多裹几层。

☐ 非常讨厌那些狡猾或卑鄙的行为。

☐ 觉得那些"只管自己爽"的家伙是混蛋！

□ 别人要是看上了自己的什么，会毫不吝惜地送给他。不过仅仅在自己的能力范围内。

□ 比起东西本身，别人收到时的那份儿喜悦更有价值。

□ 要是被人全面依赖就惨了。

□ 不会去欺负那些个性别扭的人。

□ 讨厌被别人强迫，但觉得愿意拉自己一把的人还不错。请你们引导我吧。索性替我决定吧，求你们为我指明阳关大道吧！来吧！

□ 帮助别人时，尽可能不让对方发现。

□ 但希望能被第三者看到。嘘，这是心愿。

□ 对于他人的内心动向十分敏感，总能有所察觉。

□ 要是发现别人在生自己的气，就吓得缩成一团。好啦，我再也不说了。

3 外部连接

☐ 团队，就意味着团结一致。

☐ 所以有束缚是理所当然的。

☐ 不然就不算团队。

☐ 其实巴不得能挣脱约束。但心里再痒痒也不会实施，因为太麻烦了！

☐ 这是我很宝贵的东西,不要碰!!!
啊啊啊指纹!沾上指纹了!

☐ 但自己经常碰别人的东西。
"咦,这是什么呀?"
一边说,一边还没发现自己也在乱碰。

☐ 通常扮演聆听者的角色。

☐ 倾听的技巧是反应夸张。啊,竟有这样的事!太不可思议了!

☐ 但要是跟对方很熟,就懒得好好听了。

☐ 左耳朵进右耳朵出。"哦,嗯。"

☐ 和人一起走路时,很在意两人的前后位置。

☐ 说话时一直拐弯抹角、绕圈子,以至于绕到了爪哇国,结果还是没能让对方明白自己的真实想法。

☐ 有点羡慕那种傻乐的人。

3 外部连接

☐ 服务精神一流。

☐ 想让别人心情大好。

☐ 这就是自己的使命!

☐ 要是让别人心满意足,自己就爽得不得了。吼吼吼吼!

☐ **大家都做的事情,自己也会跟风。**

☐ 这可不是人云亦云,而是协调性(这是标准答案)。

☐ 突然惊觉自己变成了大家的润滑油。

☐ 这边有点僵,来,润滑油;那边有点棘手,再来,润滑油。
我们都用这个!
现在买更实惠,2瓶60多元(不晓得是贵了还是便宜了)。

□ 以诚报诚。

□ 要是被人照顾过，就会一辈子感恩。

□ 向人道谢时，会充分表达："我永远也不会忘记您的恩情。"

□ 脑筋转得很快，会提出一些颇有建设性的建议或提案。

□ 可惜通常被无视。人家早就有答案了，难道你不知道吗？

□ 会竭尽全力安抚别人。不管怎样，先让他笑出声再说。是因为这样才会搞笑耍宝的。

□ **没有人会懂得真正的自己。**
（很酷吧？）

□ 无奈连自己也不了解。

□ 一思考"自己是什么样的人"，脑子就会纠结成一团乱麻。唉呀，头疼死了。

3 外部连接

- [ ] 所以干脆就：不、要、想、了！

- [ ] 当别人说"果然是 A 型人"的时候，会忍不住想揍他。
  "你什么意思？A型招惹你了吗？还是你看不起A型？可恶！"

- [ ] 但表面上却打哈哈，"啊哈哈～你怎么知道？"

- [ ] 对于 A 型人的心理可以说是了若指掌。

- [ ] 没法去讨厌 O 型人。

- [ ] 提到 B 型人，合的自然非常合，但合不来的怎么也合不来。不是讨厌他们，只是不喜欢。

- [ ] 和 AB 型人在一起时，心情会非常地平静。

- [ ] 如果有人瞧不起 A 型，会在心里回嘴："中国人可有 27.9% 是 A 型唷。"哼，就凭这个数字也胜过了 AB 型人。

4 各种设置 倾向 / 兴趣 / 特长

☐ 喜欢事物能条理清楚地进行，就像自动传输带。

☐ 喜欢拟订计划。

☐ 也喜欢按计划办事。

☐ 光是看到"计划"两个字就爱得不得了。

☐ **做事小心过头，结果反而会自断前路。**

☐ 这时会自我安慰。幸好没有埋头向前冲！

☐ 同时也偷偷地后悔。要是早一点跨过去，说不定现在都……

☐ 有座右铭。

☐ 电影院的扶手,经常只占用一半。谁啊,两边都占用!

☐ 生活有规律。

☐ 起床、睡觉的时间十分固定。

☐ 到了 12 点一定吃午饭。

☐ 一忙起来,就算不吃午饭也可以。

☐ 但心里头一直惦记着"我没吃午饭"。

☐ 不是因为嘴馋贪吃,而是不喜欢生活节奏被打乱。
啊,被搅乱了!啊啊啊,那个时间段应该吃午饭的!

☐ 竟然拼命工作到忘记吃午饭。太了不起了!我啊,真是个好孩子。

☐ 格外地热爱和平。

☐ 最痛恨有人搅局。

☐ 虽然这么想,但内心却向往起来。嘻,好想试一试,只是……

☐ **重视平衡。口香糖用左边牙齿嚼 10 下,右边也要嚼 10 下,不然就会浑身不得劲。**

☐ 比起未来,更拘泥于"过去"。

☐ "规矩是为了被破坏而存在的",啊,这是什么话!
真是强词夺理,规矩就是为了遵守才存在的!

☐ 所以,有规矩就要遵守。

☐ 要是真的没了规矩就困扰了。什么不能做?什么可以做?又应该怎么做啊?啊啊啊,给我规矩!规矩万岁!

4 各种设置

☐ 看起来不可能的事情,打一开始就不接受,因为根本就办不到。

☐ 把钞票的摆放方向都统一对齐。

☐ 要是有边角被折起来,就浑身毛刺刺的。

☐ **相当推崇前人开的先例。**

☐ 直接奉行上一任的做法就很好了。

☐ 有时会搞出令人抓狂的事。

☐ 害怕那时的自己。那是谁?不像我!我被鬼附身了啦!

☐ 如果手里头同时有好几件事要处理,不会想一块儿赶进度。按单子上的顺序一件一件来,做完一件是一件。

☐ 绝不是赶时髦的"潮男潮女"。

☐ 却觉得其他人都很"潮"。真庸俗!

- [ ] 在外面吃饭时，会按照固定的顺序来。主食、主菜、汤……

- [ ] 明知对方在拍马屁，也会卖弄自己的潜力。好，我这就做给你看看！

- [ ] 对赞美毫无免疫力。
  "你真棒！""不愧是……"
  嗯嗯，再多说点。

□ 塑料兜啊、废报纸啊……什么东西都舍不得丢。总有一天会派上用场的。

- [ ] 不知不觉就成了"废品收藏家"。

- [ ] 会向店员问出"有什么值得推荐"、"什么卖得最好"这类问题。

- [ ] 然后按照推荐购买。

- [ ] 曾经迷上拼图游戏。

- [ ] 拼好之后就裱上框挂起来。

- [ ] "有一万块拼图呢！" 一听这话就会得意万分。

- [ ] 任何事做到自己满意的地步就会厌倦。

4 各种设置

☐ 玩 RPG（角色扮演游戏）时会疯狂给主角升级。

☐ 但不会彻夜不眠。

☐ 玩 Online 时，在线上好为人师。

☐ 曾经玩过养成类游戏。

☐ 眼前是沙漠，背后是绿洲。
　毫不迟疑地奔向绿洲。啊呀！（马上就后悔了）

☐ 买东西时知道哪家店最划算。

☐ 而且会透露给很多人。

☐ 纸对折以后，下面的那一层是不可以被看到的。

不然会预感有不好的事发生。

☐ 对于搞笑事物的敏锐度很高。

☐ 会比别人抢先一步注意到艺人中的"潜力股"。

☐ 但只是自己暗暗记下来，要是不准该多丢脸啊。

☐ 正因如此，会留下"我早就知道"的证据。
"若无其事地在日记里提一笔。"
"记事本上潦草地写一下。"

☐ 然后就放在那儿。顶多告诉别人"我随手记了点东西"，没错，的确只是随手。

☐ 那位艺人果然成了"当红炸子鸡"。瞧！我早就知道！是我第一个发现的！

☐ 真后悔当时没说出来。写什么写！早点说出来不就得了！啊啊啊！

4 各种设置

☐ 不厌其烦地钻研自己喜欢的东西。

☐ 算不上专业,但也算个相当不错的"票友"。一旦开始,就会没完没了地钻研下去。

☐ 不仅废寝。

☐ 还会忘食。

☐ 甚至听不到电话铃声。不过那是装的。"叮铃铃",刚才是有什么东西响了吗?

☐ 尽管如此,达到一定水平就马上失去兴趣。

☐ 还能再坚持一下,但却索然无味了。好了,算毕业吧。

☐ 已经尝试过登峰造极,所以不能算挫折。

☐ **得意洋洋,我是博学王。**

☐ 把"适当的东西"收在"应该的地方"。

☐ 所以能马上拿出来。马上!

☐ 老被时间追着跑。

☐ 不过很享受。

☐ 不会挑选那些奇怪的颜色。

荧光袜子?不要不要。

☐ 从1到10都要填得满满当当,不然心里会很不安。

5和8还空着,好可怕。

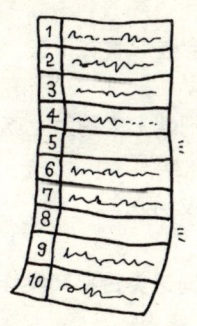

☐ 所以旅行之前,一定要将所有细节定案。

交通工具、吃饭的地方、住宿……一个也不能少。

☐ 严禁迟到。不管是自己还是别人。

☐ 不过要是约了熟人,倒会经常迟到。惹得对方发飙,只好一个劲道歉。

☐ 要是成功有固定模式,就不需要再尝试更新的方法。

☐ 明明没有兴趣,可一旦听说某样东西"卖得很好"时,还是会蠢蠢欲动。
啊?我可没什么兴趣。就是看看。

☐ 会将钱花在买工具或其他"硬件"上。

☐ 想把好东西一口气买齐,就算搭上饭钱也值得。

☐ 再难吃的东西也会强忍着吞下去。

☐ 就是吃饱了也会把端上来的菜全吃掉。明明已经撑死了!

☐ 正襟危坐再久也没问题。

☐ 会去阅读唐诗宋词这类古典文学作品。

□ 非常重视规律和秩序。

□ 坐车能到达的地方就算再远也会去，哪怕花上一两个小时。

□ 事情一旦到了无法挽回的地步，就会撒手不管。

□ 知道正式"鞠躬"的角度。

"非常地谢谢您——"弯腰45度。深深一鞠躬。

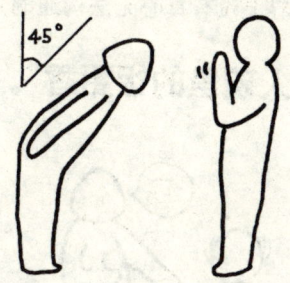

□ 巴不得能穿晚礼服生活。上班上学都穿，回头率肯定超高。不行，太招摇了！

□ 能省则省，就能存下钱。

□ 无奈的是这个月仍然赤字。非但没有好好省钱，结果还欠了账！可恶！

4 各种设置

- [ ] 总是光顾同一家店。

☐ 遇到突发性状况时,思维能力会停滞。

- [ ] 一边说着"这可不在我们的计划中啊",一边束手无策。

- [ ] 明明想拒绝,却支支吾吾、含糊不清。

- [ ] 结果这种态度会被误认为优柔寡断。

- [ ] 很难相信这个世界上没有真心无法沟通的人。

☐ 总觉得"别人碗里的饭更香"。看,那个就不错。

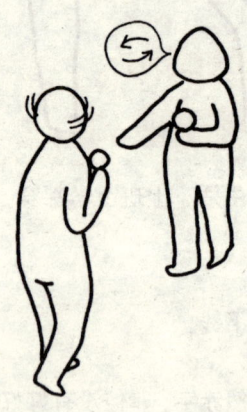

- [ ] 比起"蹩脚货一大堆",更喜欢"贵而耐用"。

- [ ] 受不了被人嘲笑。

- [ ] 不想被人在背后指指点点。

- [ ] 到这个时代还曾经写过情书。

- [ ] 还自己写诗送给对方。

- [ ] 可是这些记忆却被全盘封存。

- [ ] 就算买根萝卜也要用敬语。"您好，我能买根萝卜吗？"

- [ ] 投诉的时候也要用敬语。
  "抱歉，这个萝卜的表皮有点被伤到哦。"

- [ ] 简直就是语法课本中的例句。

- [ ] 和人见面从寒暄开始。"嗨，初次见面。"

- [ ] 告别也彬彬有礼，"下次再会。"对方都已经走了。

- [ ] 这说明"礼节是一件非常重要的事"。

4 各种设置

☐ 想结婚的时候,会觉得相亲的方式更靠谱。

☐ 有从众心理。

☐ 就算全世界只剩下我一个人,一样能随心所欲地活下去。

☐ 也懒得去想为什么会只剩我一人。

☐ 照样会为今后的生活排计划。工作啊,娱乐啊,都包括。

☐ 为自己制定规则,然后遵守。
 第1条:和大家搞好关系。(还有谁啊?都没人啦!)
 第2条:遵守规则。(自有,自治,自享)

☐ 喜欢听八卦。

☐ 但不喜欢自己成为八卦的主角。

☐ 擅长观摩形势。

☐ 结果太过谨慎,搞得自己一动也不敢动。失败!

- [ ] 绝招就是压抑自己。

☐ 会深入研究如何装扮得更得体。

- [ ] 心里窃笑那些不懂穿衣之道的人。
    噗。那是什么风格？真够俗的。

- [ ] 一知道自己的搭配不当，脸色立即发灰。

- [ ] 赶紧丢掉那件衣服！啪！

☐ 擅长整理东西。

- [ ] 但自己的房间一塌糊涂也无所谓。

4 各种设置

□ 客人来了！赶紧跳起来打扫。

□ 一旦开始打扫，就会彻底大扫除。

□ 然后若无其事地出去迎接客人。
   哈哈，对啊，我的房间平时都是这样。

□ 花钱很有计划。

□ 没钱就忍耐。

□ 自己是可以接受现实的啦，没钱就是没钱。

□ 不至于借钱出去玩。

□ 认为没钱还出去玩的人很不靠谱。
   什么，借钱出去玩？我才干不出这种事咧！

□ 实际上已经小有积蓄。
   以擅长的孜孜不倦的态度。

□ 不过用钱时，一下子就一掷千金。

□ 有时候会想也不想地掏钱付款。

□ 不过那个想要的东西打一开始就有数了。差别只是选哪家店，哪个颜色。

□ 我才不是宅男或者宅女！人家只是爱好"宅"，爱好而已！

□ **生活作息老是一成不变。**

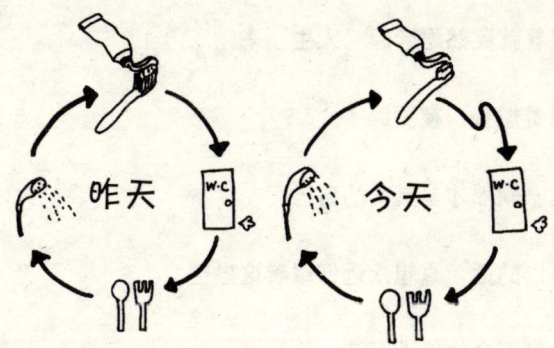

□ 刷牙之后上厕所。

□ 反过来可不行。

□ 吃晚饭后泡个澡。

□ 顺序一改变就会浑身不自在。

☐ 玩黑白棋的时候,会想选白子。因为后攻者必胜。

☐ 浪漫主义者。

☐ 有一颗爱好花鸟的心。

☐ 喜欢聆听雨打屋檐声。

☐ 秋风瑟瑟起,心中顿感伤。

☐ 接着就突然思考起"人生"来。

☐ 想着想着,夜更深了。

☐ 这一刹那才是真实的自己。

☐ 可以的话,真想永远仰望着这星空。

☐ 私底下会偷偷地写诗。

☐ 都是一些不敢见人的作品。

☐ 万一被人家看到,简直羞愤得要跳楼。

☐ 喜欢看励志书籍。

☐ **偷偷练习在一言不发时仍然有存在感。**

☐ 暗中观察这样的人并模仿。

☐ 会挂上一些怪异的手机链和钥匙链，简直像土著部落纪念品。完全无视造型。

☐ 因为在"没趣"、"不可爱"、"难看死了"的评价中，会发现那些闪闪发光的乐趣。

☐ 在田径赛中被认为是长跑型的，虽然自己不跑步。

4 各种设置

5 程序　　　　　　　　工作/学习/恋爱

☐ 能从呆板的工作中发现乐趣。这根绳子像这样穿过这里，像这样……好了。你看，不错吧。

☐ 不会在图书馆里打瞌睡。

☐ 万事做前都先观察前景。

☐ 而且依照计划进行。

☐ 踏踏实实，一步一步。

☐ 从小细节开始埋头苦干，孜孜不倦、勤奋不懈。

☐ 结果由于过于勤奋而崩溃。"啊啊啊，我受够了～我不要再做了～"

☐ 嚎完以后还是埋下头兢兢业业。

☐ 就像上足了发条的精密仪器。"咔嚓、咔嚓、咔嚓。"

☐ 经常被人说"要放松点"。

☐ 是啊，经常有人这么说。

☐ 自己也不想这样子，但不知不觉就紧张起来了。

☐ 因为要是不穿上盔甲四下警惕，可是会伤痕累累的哟。

☐ 不轻言放弃。

☐ 懂得一步一步接近目标时的酸甜苦辣。

☐ 与其挑选"快却草率"的工作，宁愿选择"慢而沉稳"。
越沉稳越好！

☐ 属于会死啃教科书的那类人。

☐ 会被人家推崇为上司和前辈。哪里哪里，太夸张了。

☐ 早会训话长得像裹脚布也不会抱怨。

☐ 不过，话还真多啊~
都是些鸡毛蒜皮的小事。唉，这样下去也不是办法。

5 程序

☐ 埋头攻克各种资格证书。

☐ 学习、学习、再学习。

☐ 后来才知道,就算取得资格认证也没啥大用。

☐ 不过,还是不错啦!

☐ 已经在准备下一个资格考试了。

☐ 可见是死性不改。

☐ 生怕在课堂上被老师点名。

☐ 所以死命避免跟老师的视线接触。
　糟糕,被他盯上了!
　"好了,下一位是……""!!"

☐ 忙到飞起时想发出怪叫。

☐ 不过不会这样做啦。

☐ 身为下属就要有下属的样子,身为后辈就要有后辈的样子。

☐ 认真地制定过考试复习日程表。

☐ 完成的就画个"X"盖掉,很有成就感。

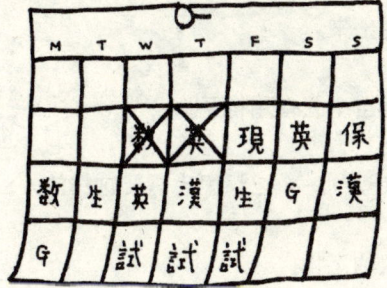

☐ 擅长分类和分析。

其实是喜欢,干脆这么说吧,不这样做就心里不安。

☐ 也很会预测趋势。

☐ 不过曾被数据欺骗过就是了。
呜,被骗了!

☐ 能够预测未来。

☐ 只要分析过去的规律,就看得出未来啦。

☐ 什么?难道大家都看不见么?

☐ 惨了!话题被转到另一边了!

☐ 说还是不说呀……犹豫中。

☐ 还是没能说出来。

☐ 算了,留着自个儿备用得了。

☐ 从结构上来说,一个组织里也需要这样的人。多样化嘛。

☐ 埋头于细致的工作。

☐ 为人尽心尽力,总想施予他人援手。

☐ 就算对方不回报也没关系(就是有点不爽)。

☐ 小错误也要彻骨分析、深刻反省。

- **喜欢在背后支持别人。**

- 所以不愿意当大哥大。

- 而且也当不上。
  "好，那我就引领大家奔向幸福吧！" 这种事可做不到。

- 就因为做不到，所以别再一个劲举荐我啦。拜托！

- 要说协调或是后勤倒还成。

- 领导嘛，那就免了。喂，那几位，别再举手了！

- 当主持人也不成。

- 在幕后还干得很起劲，一旦引人注目就开始犯怵。

- 并不是害怕失败，只是不习惯引人注目。看来，缩在幕后更适合我。

- 这样为自己辩护。

- 其实就是害怕失败。哎呀呀呀呀——

☐ 什么重担都自己一个人扛。"吭哧吭哧。"

☐ 冒险？不干。我才没那个胆。

☐ **默默地努力。**

☐ **慢热型。**

☐ **直到最后还是一样慢热。**

☐ 经常被人说"你的书桌好干净啊"。

☐ 就算没人盯也会认真工作，不会摸鱼打混。

☐ 没什么好隐瞒的，干活最起劲的就是区区在下本人我。

☐ 经常像老妈一样唠叨："不要偷懒"、"公私分明很重要"。

- [ ] 要是没了我，业务就会停滞。

- [ ] 作为集体一份子的自觉非常强。

- [ ] 要是学习没有完成，就绝不会去玩。绝对不会！

- [ ] 所以会让人误以为不喜欢交际。
  其实我自己也很辛苦啊！稍微再等我一会儿嘛！

- [ ] 难做的工作不能交给别人，因为太难做了。

- [ ] 不起眼的工作也不能交给别人，因为很简单。

- [ ] 结果一大堆事就压到自己头上。

- [ ] 还不能有任何怨言。

- [ ] **常将笔记整理得井然有序。**

- [ ] 然后被别人借去复印。

- [ ] 其实一百个不甘心。

5 程序

☐ 擅长简单易懂的说明。

☐ 却被人家嫌弃又长又无聊。喂,不解释清楚你能做出来吗!

☐ 希望你们报告时越详尽越好。

☐ 这样才能把来龙去脉了解得一清二楚。

☐ **不能没有记事本。最好是大号的。**

☐ 每页填得满满的。笔迹整整齐齐,还用不同颜色的笔标注。

☐ 不动笔就记不下来。

☐ 学习最好是在半夜，这段时间最有成效。

☐ 在固定的时间吃宵夜。

☐ 念书时屏蔽一切干扰。"Book，b、o、o、k，book"。

☐ 就连谈恋爱也得按部就班。

☐ 会认真观察喜欢的人。

先确认自己的心意。嗯？我真的喜欢这个人吗？

☐ 因此卡在这里难以再进。

☐ 白白让机会溜走了。

☐ 迟迟不肯主动接近对方。

☐ 想知道关于他/她的一切。

☐ 但不想被察觉。因为被拒绝的话会很受伤。好痛！内心在流血。

□ 单相思时，会将对方无限美化。

□ 深信那就是自己的理想对象。"太 100% 恋人了！"

□ 不料，现实幻灭。"啊，我看走眼了。"

□ 等到回过神来，已经什么事都"过去了"。
虽然心中也曾掀起过万丈波澜。

□ 讨厌"玩玩"式的恋爱，自己也做不来。

□ 一尝试就失败。

□ 不会一见钟情。

□ 突然被告白时会猛地逃开。鬼才相信咧！

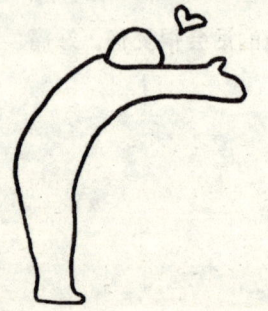

- [ ] 一旦喜欢上对方，心里就不断呐喊"我们结婚吧！"

- [ ] 反正恋爱发展到最后都是结婚。

- [ ] 当对方在自己面前流露出脆弱的一面时，会好想安抚他。

- [ ] 一旦交往就会长长久久。坚持到底！半途而废可不行！

- [ ] 不会玩劈腿。

- [ ] 但却被人质疑过。都说了，人家没有脚踩两只船！

- [ ] 因为疑心病重而在恋人心中被减分。
  你在说什么啊？是吃醋吗？

- [ ] 被甩后就一蹶不振，连续多年活在阴影中。

- [ ] 约定计划拟定得细致入微。

- [ ] 但迟迟拿不定该在哪儿碰面。

- [ ] 不会说出自己的希望。

5 程序

☐ 交往得越深就越任性。

☐ 把自己的喜好强加到别人头上。这是撒娇的方式。

☐ 想要成为恋人的得力助手。看，我很有用吧？

☐ 可是对对方而言却"太……沉重了"。

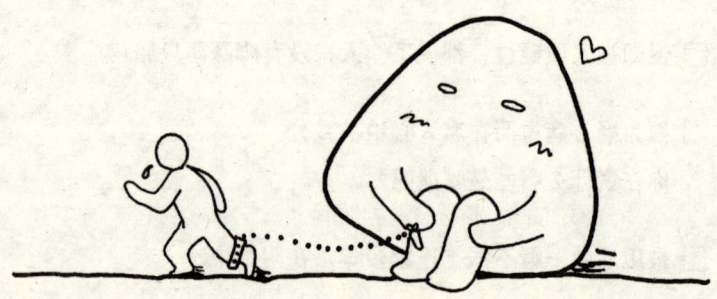

☐ 很讨对方爸妈喜欢。

☐ 分手后也可以做朋友。

6 遇到问题·故障时　　自我崩溃

☐ **怕自己发飙。做出很恐怖的事。**

☐ 每隔几年就发作一次，和"那个"一样有周期。

☐ 平时"忍"字放当头，自己也佩服得很，真是了不起！

☐ 却常常被人"碎碎念"，一想就生气。

☐ 一旦陷入焦躁，就沉默得像石头。

☐ 因为说不出来话来啊！没办法猛烈反击。唉，还是做不到。

☐ 所以只好用沉默来捍卫自己的观点。

- [ ] 这是在表达生气呢,还是想隐藏真实情绪?界限很暧昧哦。

- [ ] 但要是什么也不说,情绪又怎么宣泄呢?

- [ ] 就因为没法儿宣泄,所以会憋气N久,造成恶性循环。

- [ ] "你想说什么就说出来好了!"
  道理我也知道啊!就是做不到才头大嘛。

- [ ] **能够控制喜怒哀乐。**

- [ ] **但遥控器上就只有"压抑"这个键。**

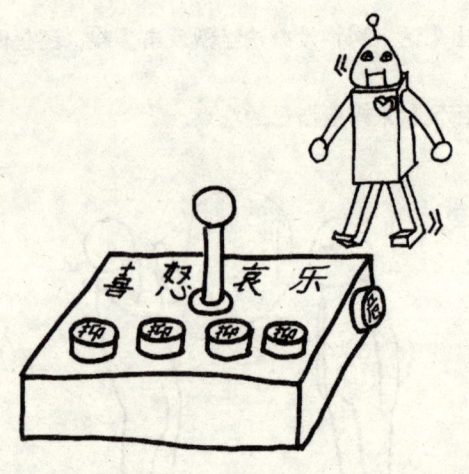

☐ 在情绪失控的人面前表现得很冷静。

☐ 对方的情绪气压值飙升,自己就一路往下跌。
"所以说!E%T^#@%@#￥!根本就不是那么一回事!"
"嗯嗯,你说得对哦。"

☐ 一旦真的动怒,就是死火山大爆发。轰隆隆……砰!

☐ 岩浆滚得遍地都是。

☐ 要是喝了酒去K歌,就会整个人发颠失控。
辛苦保持的形象全毁了。

6 遇到问题・故障时

7 存储器・其他   记忆／日常

☐ 一个人独处时也会正襟危坐。

☐ 好僵！但仍作出泰然自若的样子。

"大腿麻了，膝盖也麻了"，就这样也面不改色。

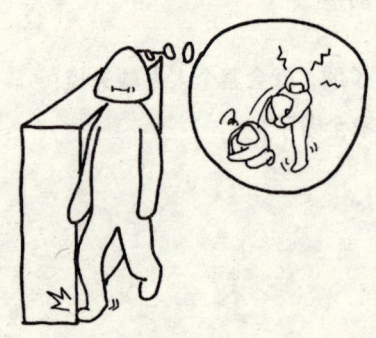

☐ 却在心里大叫着："痛，痛死了！哇哇哇！"

　↑ 最后，嚎叫的冲动变成嘴角边漏出的"咝咝"声。

☐ 一让即兴表演就发怵。

☐ 好不容易装出镇定的样子，又露出了马脚。

☐ 从小就会用眼神和他人交流。

□ 忘不了过去的失败。太可怕了！

□ 有时那些场景会血淋淋地浮现。

□ 于是垂下头，喉咙里冒出"嗷嗷……"的古怪声音。

□ 巴不得用橡皮擦在所有人脑子里都擦一遍，不过，大家都很可能记得吧。唉——

□ 就这样翻来覆去地折腾。

□ 在沙丁鱼罐头般的公交车上老实巴交，随着车势摇来晃去。摇啊摇，荡啊荡~

□ 老是没法打断推销员的喋喋不休。

□ 就是做不到一狠心走人。

□ 一边听对方口若悬河，一边在心里想："我正在听你说，但最后一定会拒绝你，所以你完全是白费口舌。"

7 存储器·其他

□ 会对饭店的菜单做激烈的思想斗争。

□ "呃……要不请您推荐几个？"结果更没头绪了。

□ 说起来，我还学过"快速阅读"咧。
"啪啦啪啦啪啦"。

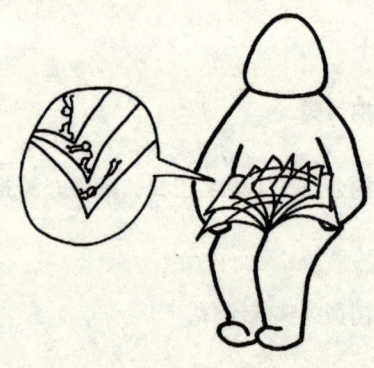

□ 不过只能应用在四格漫画上。你看我翻得有多快？好歹看起来是嘛。

□ 走在雨中的街道上时，会很在意旁边的排水沟被垃圾堵住了。

□ 看它再次流动起来就很有快感。啊，太好了，哗哗哗哗的！

☐ 在路上被推销员眼明手快地逮住。

☐ 而且是经常。

☐ 可怜的是还逃不了。

☐ 对方滔滔不绝地展开长篇大论。

☐ 更糟的是，不知不觉开始变成那人的"情绪垃圾桶"。

☐ 耳朵都长茧了。
啊，我在认真听啊。您太辛苦了，要好好加油噢！

☐ 走路时会踩在地砖正中央。
一踩到边线就会很郁闷。

☐ 还是小孩子时就很懂得礼节。因此被大人大大地称赞一番。

☐ 走路时，要是身边有怪人经过，会一直盯着不放。

7 存储器・其他

☐ **会在相册里的照片下认真地记录：〇月〇日于△△地。**

☐ 在电车里，就算被挤来挤去或者被踩一脚，也不会以牙还牙。

☐ 顶多下车时"哼"一声，用胳膊肘顶一把对方。

☐ 其实根本算不上顶，就蹭到点衣服边。
所以很长时间后还会在心里大喊：啊啊啊，气死俺了！

☐ A型人聚集在一起，就是一场嘘寒问暖大会。

☐ **如果事后才担心"房门是不是忘了锁"，就后悔到满屋子打转。**

☐ 每次洗完脸，都会把毛巾叠得四四方方，小心挂起来。

☐ 会拿商场免费发的试用装，觉得好就到处推荐。

☐ 包裹的胶带粘得很整齐。边角剪得四四方方，走势完美贴合折缝。

☐ 一个人生活时，会对着电视机自言自语。

☐ 用圆筒卫生纸时，要是扯下来有锯齿，就会一直撕到平整为止。

☐ 是谁啊！卫生纸都拖到地上了也不管吗？

7 存储器·其他

8 模拟实验　　这时的 A 型人会如何

☐ 童话《奇幻森林历险记》。

两个孩子被父母扔在森林里。如果两个人都是 A 型，就会：

→坐在森林的正中央开始开会。

关于这件事，我们来商讨一下未来的方针吧。

总之，必须先找到父母，然后回家。这就是行动的大方向。

啊，对了，请先喝杯茶吧。

嗯，谢谢。

☐ 童话《北风与太阳》

让旅人脱掉外套的是谁？如果有一方是 A 型：

→输了丢脸，赢了又得罪人，还是尝试打成平手吧。结果惹恼了对方。

就连一边旁观的旅人也被卷入其中，不知所措起来。

- [ ] 童话《哈默林的吹笛手》

  因为没有得到赶走老鼠的报酬,而把孩子们藏起来。他如果是A型:

  →把孩子带走,结果倒霉到变成专职保姆。

  孩子哭→吵→"我要妈妈"→长大成人→离家独立→赚人热泪的告别（END）

- [ ] 童话《金斧和银斧》

  你丢的斧子是金斧子、银斧子,还是普通的？樵夫如果是A型:

  →会回答"是普通的斧子"。

  喂,我说过实话了,现在把三把斧子一起给我吧!

- [ ] 童话《灰姑娘》

  被姐姐们呼来唤去当牛马使。

  "给我做做头发,灰姑娘"。

  如果灰姑娘是A型:

  → "真受不了你们!"一边斜着眼鄙视她们,一边细心地梳出漂亮的波浪卷。

- [ ] 童话《龟兔赛跑》

  比赛谁跑得快。如果兔子是A型:

  → 跑一跑停一停,跟乌龟一起到达终点。心里却在说:"哼,我可是早就到了。"

- [ ] 童话《大灰狼和七只小羊》

  大灰狼来叫门,竟然不小心把房门给打开了。糟了!躲在哪儿才好呢?

  如果小羊中有一只是A型:

  → 撒丫子逃命,冲在最前面,就像被风卷着似的。脑子里一片空白,什么念头都没有。

□ 童话《小红帽》。

小红帽虽然被大灰狼吃掉，最后却是快乐的大团圆结局。如果小红帽是A型：

→对狼太婆很多不自然的表现心存怀疑。

　得救后的第一件事是冲个澡先。

□ 民间故事《桃太郎》

桃太郎因为黏米团子而结识了同伴，最后并肩作战。如果他是A型：

→根据攻守分工的不同而招揽同伴，接着天天特训，彻底分析每个人的长短处，不知不觉就变成少年特训校的校长了。

☐ 民间故事《辉夜姬》

月宫的使者来迎接了,辉夜姬只能和爷爷奶奶洒泪拜别。如果辉夜姬是 A 型:

→ 安慰说,"放心,我马上就会回来的。"一回到天上,写了几封信,打了几通电话,渐渐就音讯全无了。

☐ 童话《白雪公主》

白雪公主不小心吃下毒苹果死了。如果她是 A 型:

→ 假装吃下去,然后和一脸怀疑的王后展开一场互相试探的心理战。

"是不是该装作昏厥在地?"

"这家伙不会没吃吧?"

"要不,抱着肚子叫唤'唉哟唉哟'?"

"难道我下的毒药不够?"

"要是真的吃下去,我会怎么样啊?"

"怎么这么长时间还没见效?"

□ 民间故事《鹤的报恩》

白鹤来到人间，化身为人报答救命之恩。如果鹤是 A 型：
→ "非常感谢你们"，然后坐在纺织机前开始织布。
我累了，所以让我先回家睡个觉。

□ 童话《稻草富翁》

男人不断地以物易物，一根稻草→绸缎→马→……。如果他是 A 型：

不断升级，最后顺利地交换到一根稻草。唉，真是令人同情啊！

□ 童话《卖火柴的小女孩》

在风雪中拼命叫卖,也没卖出一根火柴。如果她是 A 型:

→ "卖火柴了,谁来买我的火柴?太没效率了!切——"
改行去大企业求职。

3 年后,成为老板的左膀右臂,呼风唤雨的一号人物。

□ 童话《皇帝的新装》

小孩指着皇帝大笑,"皇帝光着身子!啊哈哈哈!"周围的大人如果是 A 型:

→ "喂,你这个小鬼,过来。皇帝是穿着衣服的,懂吗?这个世界就是这样的,你长大之后就会明白。乖啊。"
"啊,好的。"

☐ 童话《三只小猪》

小猪三兄弟决定自己造房子。如果它们是 A 型：

→三兄弟齐心协力，建起一栋红砖房的公寓，然后对外招租。房间全部租了出去，生活又稳定又有保障！

103 号室的大灰狼交不起房租，磕头哀求："千万别把我赶出去啊！"三只小猪胜出。

9 计算方法　　　　　　A型指数检测

所有项目的测试都已经确认完毕。

如果还觉得不够,就再尝试着深入了解自己吧。

接下来,咱们来看看自己的A型指数。不过,一个个数起来很麻烦,大概估摸一下就行了。来,从下面的选项中勾一个吧。

A 所有的都画勾。

B 平均每页只有一两个没画勾。

C 平均每页有四五个没画勾。

D 一整页都几乎没画勾。

<结果>

A 彻底的A型人。就像机器人一样遵守日程,并且以此为乐。但一旦杀出计划外的事,就措手不及了。

B 表面上很有A型人的一丝不苟。在家里可是邋遢得要死,很怕麻烦,做事情能拖就拖。

C 骨子里很拥有A型人的特性,也能清楚表达自己的意见。但对于他人却相当体贴温柔。

D 完全没有A型气质,是一匹撒欢的野马,谁也拦不住。那就奔跑吧!

各位辛苦了。不过,
这本说明书其实还没结束。
上面的结果都是骗你们的,所以请忘记它吧。
不过,各位看了结果有什么反应?
从下面选一个吧。

1 不愿相信。这样的人绝对不是我!不过我也说不好。
2 有时候好像是这样,有时候又好像不是啊。
3 这么说来,我也有点儿这样觉得了。
4 搞不清楚。仔细去想好麻烦。

<结果>
1 这是A型人。
2 这个也是A型人。
3 这种情况还是A型人。
4 这些统统都是A型人。

总之,这就是A型指数。同样是人,同样是A型,也有千差万别。
自己认为A型人是这样,那你就是"A型"。这样不就得了?

后记

你是这样的人:

☐ 发现了真正的自己。

☐ 最喜欢身为 A 型人的自己。

☐ 在人生的帷幕拉下时,无愧于心就好啦!

就是这样的人

以上这些并不是 A 型人的全部。
也不是只适用于 A 型人。
更别说身为 A 型人就非这样不可。
一样米养百样人,你有你的特点,他有他的怪癖,
每个人都有自己打造而成的"自我"。
这是世界上独一无二的人,
在那些独一无二的时间里,
将发生的独一无二的片段,
汇集起来的独一无二的东西。
所以怎能将自己封闭在一个狭小的世界里呢?
不过,收起自己的任性,将这些传达给至今仍不认识自己的

A型人，以及想要好好了解A型人的他人，现状就会更具有开放性。

最后，协助我写这本书的那些A型朋友，读这本书的读者，以及各位支持我的伙伴，还有负责这本书的工作人员，谢谢你们！

Jamais Jamais

附录一

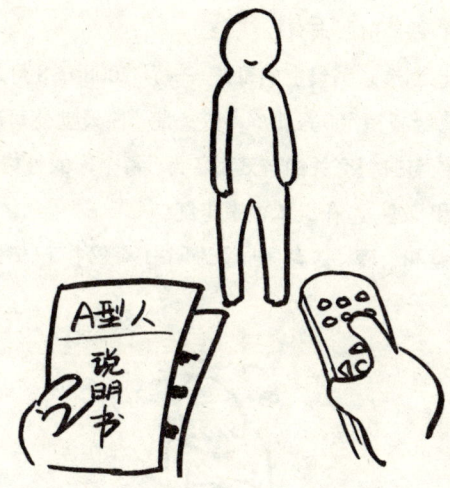

2009年,"最潮血型说明书" high 翻天

当今日本最红的血型书系列

2008年底,日本最权威的年度十大畅销书的排行赫然揭晓!

除外来巫师会念经,《哈利·波特》稳占排行榜第一外,此中最大的赢家,毫无疑问是一套四本的"血型说明书"系列!

《A型人说明书》荣登年度第五,《B型人说明书》、《O型人说明书》以及《AB型人说明书》则分别占据了三、四、九的位次。乍一看实在是抢眼。

在日本,血型书的风潮由来已久,由于日本人非常相信血型与性格和命运密切相关,书商们每年都会投入大精力来策划、出版上千种血型书。可是历年来,能闯入十大畅销书排行榜的寥寥无几,能全套闯入的更是前所未有!

这套书也创造了销量上的奇迹——从2008年8月起,上市才两个月,就已经狂销560万册!不仅如此,任天堂公司还根据这套书改编出一款与血型有关的游戏,名为"每个人的性格:A型、B型、AB型和O型",在日本很是走红。

结合销量和口碑,这套"血型说明书"系列,已俨然成为日本最红的血型书系。

这套血型书不一般

一本起初只自费印刷了1000本、且作者默默无名(到现在也没人知道其名甚至性别)的小书,是怎样如一匹黑马般杀出数万血型书的汪洋?仅是解析血型,就能成为它登上十大畅销榜、并且狂销560万册的理由么?

并非如此。这套血型书,有着相当的独到之处。

首先,它们异常犀利,简直就是将各个血型人的性格——放在手术台上解剖般深入详尽。并一扫人们心目中固有的成见,揭露出各个血型真正的、不为人知的一面。

其次(这也是最重要的!),它们并非传统的干巴巴的理论分析,而是实在又简单的"使用说明"!

正如所有商品都会附送一本说明书,以《A型人说明书》为例,它正是一本为想了解自己的A型人,以及非A型人却想知道A型人真面目的人写的"A型人使用说明"。本书将A型人视为一种生物机器,详尽解析其个人基本操作、与他人的外部接触、兴趣、特长等各种设定,工作、学习、恋爱等程序设计,自我崩溃时的故障,

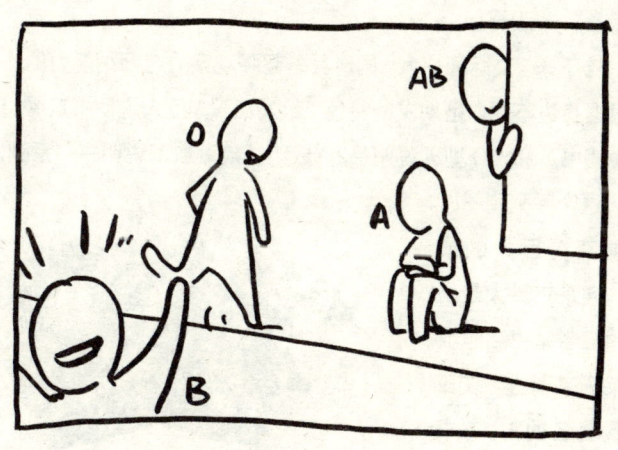

当老师说"不要跨越这条线"之后,各血型学生的反应。

日常记忆的内存,以及最后A型血性格的自我检测等,数百条说明选项,一目了然。

所有的商品都有说明书,人也应该有。对血型的说明书,最为方便他人使用。

认同感很重要

"啊,说的正是本人嘛!"读这本书时,如果你是A型人,一定会忍不住发出这样的惊呼。

强烈的认同感,是"最潮血型说明书"系列热销的又一个原因。

作者Jamais Jamais,本身并非职业作家,而是一位建筑设计师。写作也并非为了出名赚钱,而只是为了自娱自乐、馈赠亲友。然而,在其第一本书《B型人说明书》自费出版后,却在社会上引起了轰动。嗅觉灵敏的大出版社闻风而动,迅速联系到作者,对《B型人说明书》一版再版。

接下来,交际圈广大,同时具备超强观察力与归纳能力的作者,又根据身边不同血型朋友的特色,编写出《A型人说明书》《AB型人说明书》和《O型人说明书》,成为"最潮血型说明书"系列。

这个系列刚一出版便获得巨大的成功!连东京最大最出名的三省堂书店也放下架子来引进;在日本最著名的12家书店,这套书霸占排行榜冠军至2008年底,

跟风的《各血型女性说明书》系列

并一起登上2008年日本十大年度畅销书的榜单!

迄今(2009年4月),"最潮血型说明书"系列,已热销超过560万册!

跟风书系

"最潮血型说明书系列"一炮而红!

此时,日本的出版商们才发现,原来人类也可以像商品一样,被系统而详细地说明。而从内到外地解析人类这种生物机器,原来是这么有趣。于是,日本书市上顿时引发了"说明书"热,并且衍生出一大批跟风之作。

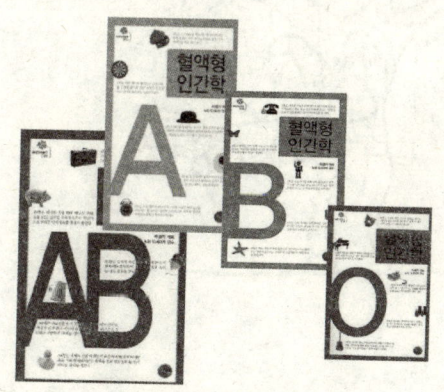

韩国也跟风!正热卖的一套四本血型说明书。

包括《青春期说明书》、《独生子女使用说明书》、《女性血型使用说明书》、《妹妹说明书》、《爱猫人说明书》、《爱狗人说明书》……

这些书都创造出了不凡的销售业绩,不能不说,这多半是"说明书"这一形式的功劳。

而"最潮血型说明书"系列,又当之无愧是说明书系的开山鼻祖。或许未来在中国,我们也会看见形形色色的说明书,而我们自己或许也会有兴趣亲自动手,来写一本关于自己的说明书。

附录二

Jamais Jamais
——血型人最透彻的密友

难以想象的"血型迷信"

在日本,无论是征婚征友还是找工作,人们常会听到一句问话:"你什么型?"

这个"型"可不是造型,也不是性格,而是——血型。

没错,在日本,有着不可思议的血型迷信。根据立命馆大学心理学系的国民调查报告,有80%的日本成年人相信血型能决定一切。美联社评论:在日本,血型甚至可以决定一个人的命运。

为此,婚介公司向征婚人提供血型匹配度测试;一些企业依照血型录用员工、安排岗位;幼稚园把小朋友按血型分组看管;就连在北京奥运会上夺得女子棒球冠军的日本队也依照队员血型制定不同的训练方案。而日本的出版物中,血型书占据了相当的大头,每年都有成千上万本出版、发行。

这种血型迷信风潮不仅影响人们的日常交往、就业,连在政党竞选、商业招标等重大活动中,候选人也要先标明自己的血型。现任日本首相麻生太郎,就通过在个人官网上标注自己是A型血,而打败了身为B型血人的政治对手小泽一郎。

真可谓是个全民迷信血型的社会!

A型很刻板吗

根深蒂固的血型迷信底下,是根深蒂固的偏见。

"A型人循规蹈矩、尊重上级;B型人单纯、散漫;O型人乐观进取、有创造力;AB型人虽说有点摸不透,好歹还有A型人严谨的一面……"

相比起被严重歧视的B型人(有些征婚和招聘启事中会专门标注不要B型人喔),在日本,A型人算是相当被青睐的一族。就连首相竞选,A型的候选人也会被额外看重。公司要决定升迁某个职员时,也会优先考虑A型人。因为,在传统观念中,A型人可是做事兢兢业业、一丝不苟的哦!

但是,任何事情都会有负面。

占全日本血型人数量最多(40%左右),并且在工作

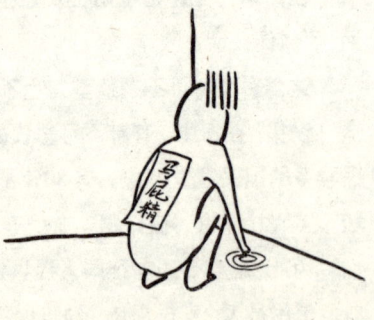

中最受好评的A型人,在私交和恋爱上却是不那么受好评的一方。

"太严肃了,和对方在一起时,感觉整个人都会石化掉!"

"A型人总是不断拍人马屁!"

"油盐不进!"

这是人们心中的普遍观念(你有没有觉得耳熟呢?),好像条件反射似的,大众在接触到一个A型人的时候,尚未探索他的内心和真实态度,就已经先在心里下了判断。

其实A型人很有趣

这一切"傲慢与偏见"的状况,终止于2008年!

因为一位神秘人物Jamais Jamais横空出世!

Jamais Jamais出生于东京,从事的是创意性的工作——建筑设计。这是一位不折不扣的神秘人物,至今也没有任何人知道他的年龄和性别!不过,我们晓得他极具天才、并有着常人所不具备的敏锐观察力和超强感受力就是了!

或许有人会质疑,"他又不是A型人,怎么可能写得准确!"(作者应该是B型人。)

不对。真正的天才是跨越一切领域的。且看《A型人说明书》在日本是如何大卖,又如何冲上2008年日本十大年度畅销书的第五名,就知道它有多被A型人心水了!

真正的A型人是什么样子?

是很好心的人,"拗不住别人强行求助,明明就没有帮忙的义务嘛……"

"绝活是随声附和,然后铁定被误会成'拍马屁'。"

"对赞美毫无免疫力。"

……

"这才是真正的我嘛!"许多A型人,看后会这样说。

这是一本真正具有里程碑意义的作品。因为,它让整个日本社会的观感为之改变。很多非A型人,开始了解到A型人循规蹈矩的面孔背后,有着一颗幽默而不失浪漫的心;而A型人,也能拿着这本书,大胆自信地向对方介绍自己:"您好,我是这样的,和您想象的完全不一样!"

这样,才是作者希望看到的吧!

考试前一天,各血型人是这样聚在一起复习的。

附录三

有趣！你所不知道的血型常识

什么是血型

血型是对血液分类的方法。

全世界的人类中，一共存在着三十多种血型。但占据绝大部分的，是 ABO 血型系统。

ABO 血型系统，也是人类最早认识的血型系统。1900 年，奥地利维也纳大学病理研究所的卡尔·兰德施泰纳发现，健康人的血清对不同人类个体的红细胞有凝聚作用。如果把取自不同人的血清和红细胞成对混合，可以分为A、B、C（后改称O）三个组。后来，他的学生Decastello和Sturli又发现了第四组，即AB组。

这样，我们就有了四种最基本的血型：A型、B型、O型和AB型。

血型的出现历史顺序

O型血是一种古老的血型；A型血是第二常见的血型；与O型和A型相比，B型是人类学上较晚出现的血型，这类人是最早习惯于气候和其他变迁的游牧民族，也叫做游牧血型。AB型为最晚出现、最稀少的血型，占总人口不到5%。

世界的血型分布

如果将全世界看做一个大村落，那么，O型血占58%的人口，A型血为24%，B型血为13%，AB型则不到5%。

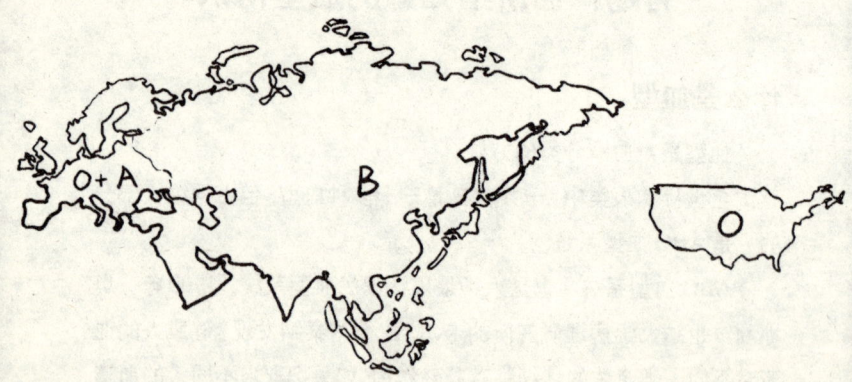

但不同种族、地区的人的血型分布也不一样。哪怕是同一种族中，不同的族群也会有差别。

欧洲社会至今仍然是A型+O型社会，并且O型的比例要高一些。

在亚洲，B型是最典型的血型，但并不是说亚洲人中B型最多，而是亚洲的B型比例在世界范围内是最高的。几个B型比例最高的国家全部出自亚洲，如印度、蒙古。

在日本，A型血最多，紧接着是O型血，然后是B型，最后是AB型。

根据《人类血型遗传学》中的调查，中国内地各民族ABO血型比率是A型占27.9%，B型占29.2%，O型占34.4%，AB型占8.5%。看，A型人还真不少！

中国的血型分布

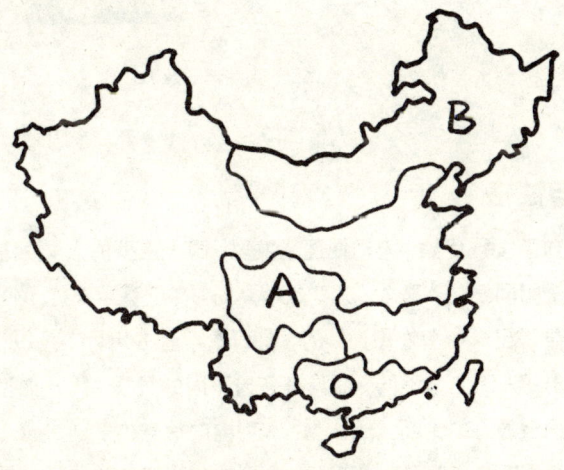

中国A、B、O型分布最多的地区

汉族原来也是 A 型血比例最高的民族。但由于以 B 型血为主的北方游牧民族入侵所造成的混血,使华北沿长城一带的 B 型血比例很高。蒙古族、满族的 B 型血比例都相当高,达到 40%。

A 型血比例最高的地区,是上海、湖南、江西和四川。

广东、广西、福建和海南人以及大部分南方少数民族 O 型比例最高,占总人口 40% 以上。

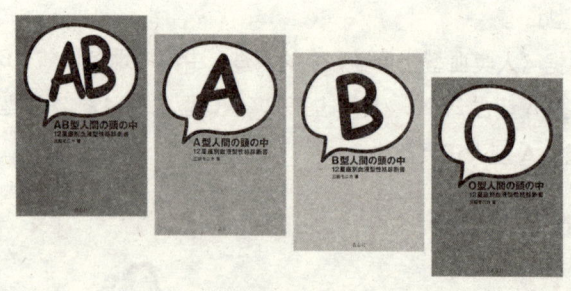

跟风书系之《各血型人与十二星座》

血型与性格

从血型发现伊始,人们便逐渐发现,同一血型的人,性格上也有着若干相同之处。那么,血型是否真的影响、甚至决定了性格?

最早提出"血型性格说"的,是日本学者古川竹二。1927 年,古川作出"人因血型不同,而具有各自不同的气质;同一血型,具有共同的气质"的论断。他认为,A 型内向保守、多疑焦虑、富感情、缺乏果断性、容易灰心丧气;B 型外向积极、善交际、感觉灵敏、轻诺言、好管闲事；O型胆大、好胜、喜欢指挥别人、自信、意志坚强、积极进取；AB型的人兼有A型和B型的特征。

现在，有关血型和性格的关联研究已经持续了近80年，尤其是在日本和韩国，"血型性格论"已深入人心，从谈恋爱到找工作，大家都会先拿出血型进行衡量。

20多年前，"血型性格"学说一度传入中国，并且以汹涌之态给国人留下了相当深的心理烙印。直到现在，大家还普遍觉得A型人最较真，B型人很散漫，O型人具有领导力，AB型人性格比较分裂。

然而，以上这些深入人心的固定学说是对的么？

这可不一定哦，看看本书，你就会知道！

血型与民族特征

美国O型占46%，A型占40%。美国人崇尚自我意志、竞争和性格坦率等等，多与这种O型气质有关。

日本和德国都是A型为主的国家。如果A型掌握主导权，那么即使在同样的A型+O型的社会中，也会表现为强烈的集团归属感、重视原则、抑制个性、尊重规律、富于牺牲精神和坚持不懈等A型品质。欧美以A型居多的国家是德国，A型占45%，O型占41%的德国人，其踏实、精细和周密的国民性与日本人的确非常相近。

亚洲的特征是B型为主。印度、中亚、蒙古、中国北部、东北部和北朝鲜等，B型均占30%~40%，有的地方甚至超过50%。相对于重视逻辑、言行规范的西方文化，亚洲的思想更加空灵和飘逸。

以印度为发源地，散布于世界各地的吉普赛人是B型民族，正如从吉普赛人和蒙古民族身上所看到的，B型民族活动范围广大，喜欢四处漂泊迁徙,这同强调安定的A型+O型民族恰成鲜明对照。之所以没有单一的B型国家或B型+O型国家,可能就是因为B型天性善于四处闯荡,并一视同仁地和其他种族混血。B型为主体的民族善于创造新的文明,却不善于发展这些文明。

血型真的影响性格吗?

但血型影响性格的说法,在血型的发现地——西方却鲜有人捧场。血型源于先天遗传,如果能决定性格,则说明性格是由遗传决定。但西方的心理学调查报告显示,人的性格只有30%~40%与遗传有关,其余60%~70%来源于后天的学习、环境等影响。也就是说,性格更多由后天因素决定。

因此,"血型性格论"未能在西方流行起来。迄今为止,大多西方人对自己的血型并不关心,除非是出于医疗上的需要。

即使在血型迷信成风的日本,立命馆大学的一位心理学副教授也指出:"这是一种迷信。把血型与性格联系在一起,不仅不科学,而且是错误的。"

问题就来啦！

那么，我们究竟要不要相信血型呢？

其实，压根儿不用想那么多。知道自己是 A 型人，知道 A 型有哪些可爱的地方和哪些讨人厌的地方，更重要的是，通过一一打勾，你能更加了解你自己，也更能向别人介绍你自己。这就够啦！

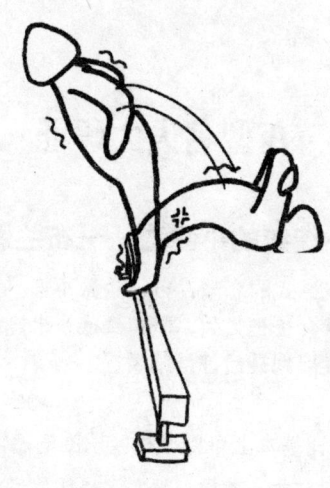

附录四

A 型名人大印证

外表奔放内心传统的小甜甜——布兰妮·斯皮尔斯

"讨厌'玩玩'式的恋爱,自己也做不来。"
"一旦交往就会长长久久,坚持到底!半途而废可不行!"
"反正恋爱发展到最后都是结婚。"

——《A 型人说明书》

混乱,这个词基本上可以概括娱乐圈的感情,尤其在美国纽约。订婚、分手;结婚、离婚,基本上是明星们的家常便饭,亦不会有人为之癫狂——正如一家餐厅不合口味,换一家就是,谁会要死要活呢?

然而小甜甜布兰妮却给出了特例。这个17岁时一举成名、轰动全球的"少男杀手",有着最魔鬼的身材和最天使的面孔,极具诱惑力的她,却有着与娱乐圈相当不合拍的婚恋观。

和前男友贾斯汀在一起时,布兰妮对媒体声称自己尚是处女,而且镜头前丝毫不避讳对贾斯汀的痴恋,一点儿也没有明星情侣应有的"耍酷"风;失恋之后,一蹶不振,直到遇到前夫凯文才再次露出笑容。婚恋态度真是有够A型!

但,A型人的恋爱,从来都是"对对方而言,太……沉重了"。贾斯汀如是,凯文亦如是。二人的婚姻没几年便破裂,而自从与凯文离婚开始,关于布兰妮的消息一直都是负面的、近乎疯狂的:精神出现问题的谣传、与前夫分分合合的各种征兆、争夺孩子的抚养权令她才稳定的精神状况更加糟糕。甚至一度被媒体当作精神病人!

幸好,坚强的A型特质,令布兰妮终于走出泥泞,重新站上舞台。2008年,布兰妮作为MTV的大赢家,捧回三项大奖,风光无限。相信,这位经历过风雨的A型女星,未来定会更加辉煌!

从影星到优雅的摩纳哥王妃——格蕾丝·凯利

"喜欢平静安稳的生活。"
"礼貌得过头。"
"能够按自己的意志改变生活方式。"
"自尊心很强。"

——《A 型人说明书》

她高雅迷人,她才华出众,她被称为世界上最美丽的王妃。她就是格蕾丝·凯利。

1951年,22岁的格蕾丝·凯利在电影界崭露头角,接下来,年轻貌美的她赢得了许多可望而不可即的成功——成为最卖座的女影星、赢得奥斯卡最佳女主角奖,倾倒了一切与她合作的大明星,包括曾因《乱世佳人》中"白瑞德"一角而迷死无数女性的克拉克·盖博。

换了别人可能早就晕头转向,可是,格蕾丝可是慎重的 A 型人!某一天,她告诉密友:"我要嫁给一个王子。"密友以为是"白马王子",然而,这次是不折不扣的王子——摩纳哥王子兰尼埃三世。

拥有财富与尊贵的地位无疑是格蕾丝最好的归宿。婚后的她表现出了A型人意志坚定的一面：中止了演艺生涯、为摩纳哥王国生育继承人、与各国的领导人彬彬有礼地外交……一个光彩照人的影星，成功地适应了自己的新身份：高贵亲和的王后。

1982年9月14日，格蕾丝在一场车祸中遇难。兰尼埃大公从此没有再娶，格蕾丝的优雅、尊贵，已经成为他心中无可磨灭的影子。

百折不挠的奋斗者——福特

"一个人孜孜不倦地埋头苦干。"

"做事绝不制造'烂尾楼'。"

"自己的原则？绝不让步！只是装出让步的样子而已。"

——《A型人说明书》

汽车大王亨利·福特是A型血人坚韧特质的代表。

年轻的时候，福特搬到底特律，在爱迪生照明公司当工程师。当时，他的月薪只有45美元，生活十分拮据。然而，A型人可是一旦认定一个目标，就会和牛一样闷头往前冲！为了研究时间更充裕，福特总是加夜班；为了做实验，他到处买废旧车床、割草机来组装汽车。

1899年的夏天，底特律汽车公司成立了，福特离开收入稳定、前途光明的爱迪生照明公司，担任了底特律汽车公司的机械主管和总工程师。然而，由于设计的思路并没有适应市场的需要，导致汽车成本高居不下。

在公司面临困境的情况下，董事会发生了严重的意见分歧。此时，福特的A型特质再次发作，为了坚持自己的原则，他辞职离开了公司。

并未放弃汽车事业的他，付出了比以往更大的努力。这一时期，他亲自驾驶着自己新研制的汽车，多次参加了美国汽车大赛，创造出了出色的成绩。"一边咬牙承受压力，一边全力奋战攻击。"正是这种A型特质，才使得福特在多年努力之后，终于成为全美国知名的汽车大王！

"一根筋"的五星上将——麦克阿瑟

"头脑死硬。"
"一旦发飙，就挡者杀无赦。因为停不下来了。"
"一旦接受任务，就会奋战到最后。"
"责任感超强。"

——《A型人说明书》

历史上,性格倔强的人不在少数,但像美国第二次世界大战中赫赫有名的五星上将麦克阿瑟那样近乎"偏执狂"的却不多。从他一生成败沉浮,可以发现他具有典型的 A 型血特质。

1919 年 6 月,39 岁的麦克阿瑟被任命为西点军校校长,他的治校座右铭是:"责任—荣誉—国家。"1922 年 2 月,麦克阿瑟与路易斯·布鲁克斯结婚,但因为妻子妨碍了他钟爱的军事事业,他毅然离婚。

在第二次世界大战中,麦克阿瑟出任远东盟军统帅。1941 年麦克阿瑟在从科雷吉多尔登上鱼雷艇离开菲律宾之前,发誓"我还要回来"。

他最终实现了这一承诺,1944 年 10 月,10 月 20 日,麦克阿瑟率部在莱特岛登陆之后,在菲律宾总统的陪同下,在雨中发表了最震撼人心的演讲:"菲律宾人民,我,美国陆军五星上将道格拉斯·麦克阿瑟回来了!"

美国前总统尼克松曾这样评价这位 A 型血的将军:"麦克阿瑟是美国的一个巨人,一个体现了传奇人物的一切矛盾和对比的传奇式人物。

谨小慎微的湘军统帅——曾国藩

"尽量避免计划外的行动。"
"没有把握不出手。"
"从各方面权衡后,有些事一打头就不会去接受。"
"不管是谁,都说自己是个'循规蹈矩'的人。"

——《A 型人说明书》

　　A型人具有谨慎为人的特质,清末的湘军统帅曾国藩就是这样的典型。

　　的确,在曾国藩的时代,还轮不到血型检验。但是,从个性判断、加上湖南可是中国的A型血高发区,我们可以大致揣测曾国藩是个A型人。

　　清朝末期,外有强敌入侵,内有政坛动荡。许多权臣都盛极而衰,但曾国藩却善始善终,成为相当特殊的例外。因为,他一生谨慎,时刻不忘修身养德,以孔孟思想作为自己的精神指导,是相当克勤克俭的人。

　　曾国藩为清朝立下过汗马功劳,尤其是攻破太平天国后,威望更是如日中天。他统帅着30多万的湘军,两江、东南、西南、华南等省也被湘军掌控。可谓满清王朝的半壁江山,尽在曾某一人手中。

但即使位高权重、如日中天,曾国藩也处处谨小慎微。朝廷册封他为一等侯后,他思前想后,夜不能寐,内心充满隐忧。于是他急流勇退,告老还乡。终于避免了像雍正时期的年羹尧一样被杀的命运。

曾国藩的一生非常完美:享受荣华富贵,占尽了福禄寿喜,他举荐的李续宾、李鸿章等也都做了大官。这一切都得益于A型血所特有的谨慎个性啊!

冷静老成的围棋神童——李昌镐

"一副老气横秋的样子。"

"很认真。"

"绝不会心血来潮。"

"做事按部就班。"

——《A型人说明书》

老成得不能再老成,冷静得不能再冷静,精确得不能再精确,这三种貌似平常的素质,落在韩国围棋神童李昌镐的手中,不知经过怎样的一番组合,竟变幻出一部威力巨大无比的胜负机器!

很简单,因为他是A型人啊!

对于A型人来说,他们制胜的秘诀,并非B型的创造力或O型的爆发力，而是"耐力"。条理清晰的A型人，最擅长的就是在井然有序的情况下，看着对手因为着急出乱子，然后一举击垮对方。

1988年，13岁的李昌镐夺得首个国内围棋冠军；1992年，16岁的李昌镐创下了世界上最年少夺冠的记录，被誉为"围棋神童"。此后夺得20多个世界大赛冠军（含快棋赛），开创了无敌于天下的"李昌镐时代"。直到2007年，李世石强势崛起，李昌镐时代才宣告结束。

李昌镐的棋朴实无华、大巧若拙，善于"兵不血刃，不战屈人。"他的棋很少出错，但只要对手稍有失误，便会遭到他的致命一击。稳中有凶，平中有奇，真不愧是稳扎稳打的A型人呐！

其他A型名人

政治界

　　希特勒——独裁的德国纳粹头目

　　普京——俄罗斯前总统

　　吉米·卡特——前美国总统

　　卡尔·尼克松——前美国总统

老布什——前美国总统

约翰逊——前美国总统

金正日——现朝鲜最高领导人

演艺界

张艺谋——第五代著名导演

梁朝伟——康城影帝

黄家驹——BEYOND乐队主唱

藤原纪香——日本著名女影星

滨崎步——日本乐坛小天后

织田裕二——《东京爱情故事》中的男主角、日本著名演员

惠特尼·休斯顿——美国乐坛黑人天后

军事界

蒙哥马利——英国陆军元帅

林彪——建国十大元帅之一

体育界

迈克尔·乔丹——篮球"飞人"

商界

松下幸之助——松下电器的开创者,被称作"经营之神"。

他们也可能是 A 型人

俾斯麦——德国第一任总理。以手段强硬而闻名,做事情一板一眼,被称作"铁血宰相"。加上生在 A 型高发区的德国,身为 A 型人的可能性相当之大!

勾践——"卧薪尝胆"的主人公，具有相当强大的内心，善于挑战极限，而且绝不吐露真心。忍辱负重的性格，很 A 型哦！

吕不韦——具有强大的执念，而且具有投资的巨大欲望（投资的可是秦国未来的君主）。意志十分坚定，不管心中怎么动摇，就是不会被轻易撂倒。会慷慨大方地请客……要知道，他门下的食客可是相当之多！

司马懿——魏国宰相。因为思维太缜密啦！

孟子——因为对"礼仪"非常感兴趣。"**不能忍受没有规则。一刻也不能！**"

朱熹——对礼教的追求到苛刻的程度。"**必须树立终极榜样，出台终极版本。踩线即死！**"

范仲淹——责任感超强。先天下之忧而忧，后天下之乐而乐。

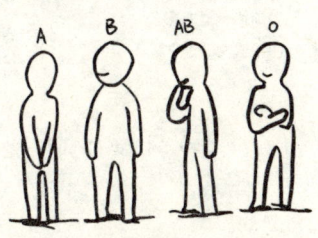

当各血型人处于人群中时……

图书在版编目（CIP）数据

A型人说明书／（日）雅梅雅梅著绘；刘玮译．
—海口：南海出版公司，2008.12
ISBN 978-7-5442-3385-9
Ⅰ.天… Ⅱ.①雅… ②刘… Ⅲ.血型－关系－性格 Ⅳ.B848.6
中国版本图书馆CIP数据核字（2008）第205898号
版权合同登记证号：30-2008-276

最潮血型说明书 系列

丛书主编／黄利 监制／万夏
项目创意／设计制作／紫图图书 ZITO

A-XINGREN SHUOMINGSHU
A 型 人 说 明 书

著　　绘	[日] 雅梅雅梅（Jamais Jamais）
翻　　译	刘玮
责任编辑	黄利
封面设计	紫图装帧
出版发行	南海出版公司　电话（0898）66568511
社　　址	海南省海口市海秀中路51号星华大厦五楼　邮编570206
电子信箱	nanhaicbgs@yahoo.com.cn
经　　销	南海出版公司　电话（0898）66568511
印　　刷	北京盛兰兄弟印刷装订有限公司
开　　本	787毫米×1092毫米　1/32
印　　张	9
字　　数	50千
版　　次	2009年4月第1版　2009年4月第1次印刷
书　　号	ISBN 978-7-5442-3385-9

南海版图书　版权所有　盗版必究

"B型人性格多变、难以捉摸?"

才不是这样咧!

其实,B型人最好掌控啦

好像手风琴的揿钮一样

看着眼花缭乱

只要按对

却能发出令人心旷神怡的旋律

这本说明书

能教身为B型人的你

或者非B型却想了解B型人的你

掌控B型人的使用方法

从未有人总结过

是你所不知道的、B型人真正的一面

以商品说明的方式一一列举

有点儿雷人

有点儿可爱

包你对心目中的B型人

来个

大、改、观!

Jamais Jamais

[日]雅梅雅梅／著绘

刘薇／译

B型人说明书

南海出版公司
2009·海口

"B-GATA JIBUN NO SETSUMEISHO" by Jamais Jamais
Copyright © Jamais Jamais 2008.
All rights reserved.
Original Japanese edition published by Bungeisha Co., Ltd., Tokyo.
This Simplified Chinese edition published by Nanhai Publishing Company
by arrangement with Bungeisha Co., Ltd., Tokyo
in care of Tuttle-Mori Agency, Inc., Tokyo
through Shin Won Agency Co., Beijing Representative Office, Beijing.

前言

商品应该附有说明书。
而人类会使用语言。
所以能用自己的嘴来"说明"。

shuo ming 【说明】
把内容、理由或事情等讲解得简单明了。
——《日语大辞典》

说明书的作用:
把事物讲解得简洁易懂。
叙述得清清楚楚。
明明白白。

一听就懂。

那就让我们立刻动手,来制作这份说明书吧。

目 录

前言 5

1 本书使用方法 8

2 基本操作 ———————— 自己 / 行为 11

3 外部连接 ———————— 他人 36

4 各种设置 ———————— 倾向 / 兴趣 / 特长 68

5 程序 ———————————— 工作 / 学习 / 恋爱 81

6 遇到问题·故障时 ———— 自我崩溃 87

7 存储器·其他 ———————— 记忆 / 日常 90

8 模拟实验 ———————— 这时的 B 型会如何 109

9 计算方法 ———————— B 型指数检测 114

后记 117

B型人说明书

1 本书使用方法

　　本书是为那些想要清楚说明自己的B型人，以及想要了解B型人真实面目的非B型人而写的说明书。

　　"我是B型"，"啊，一猜就是"，"B型人总是太自私"……

　　大部分B型人一说自己的血型，好像就会受到冷眼相待。

　　"咻——"

　　因此，明明是第一次见面，却感觉会被对方看穿一切。

　　不过呢，

　　因为B型"想要别人理解自己"的欲望比其他人强一倍，因此一旦被误解就会变得焦虑而坐立不安，心烦意乱。

　　然而，B型人又比别人更加不善言辞，即使心中有千言万语，但描述起来就会乱成一团，毫无头绪，难以用简洁的语言表达出来。

　　事实上，社会上普遍认为的B型人形象只是一种表象。那么，B型人的内心世界到底是怎样的呢？

　　或许和传言完全相反，又或者干脆是另外一副样子。

举例来说：

表面上，B型人"被别人称为乐天派"。

大错特错！

实际上，"其实是心思细密的人"。

为什么会产生这种矛盾呢？

这是因为：

B型人不善于良好地表达自己！

不善于表达就无法将内心的想法传达给对方。面对无法沟通的对象，B型人便连解释都懒得解释了。

最后只好悲哀地把话咽进肚子里，这样就形成了恶性循环。误解也就由此产生了。

这种令人不耐烦的事情已经发生了太多太多。

"你是个什么样的人呢？"

为了能清楚地表达出"我是这样的人"，

首先就要从自我分析开始。

阅读本书的注意事项：

1. 在翻开本书之前，应该不断地提醒自己"我一定拥有B型人的特点"。

   不然就会变得很较真，觉得书里说的都不对，与自己不相符。
2. 在公共场合绝不独自一人看这本书，会觉得丢人。不明白原因的话去试一试就知道了。
3. 暂且放下自以为是的冷静，先翻一翻这本书吧。
4. 将与自己相符的选项一一勾选，B型人的说明书就完成了。
5. 当你想要拉近和某人的距离时，拿出来和他（她）一起看吧。
6. 会因"终于可以自我介绍"而雀跃不已。
7. 然后和对方一起看自己的说明书。另外，还可以预先熟记内容，之后直接口述。
8. 这样就能与对方建立良好关系，当然有时也会因不同意见而吵架。如此，这项练习告一段落。
9. 充分实践之后，下次就可以尝试用自己的语言制作一份说明书。

2 基本操作   自己/行为

"我","B型人","他(她)"

☐ 喜欢B型——不管是B型血还是B型人。

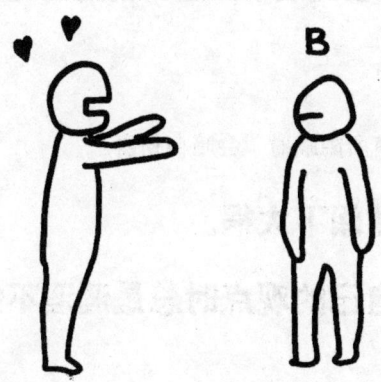

☐ 被别人称为乐天派,但其实是心思细密的人。

☐ 只是有时会毫无理由地非常乐观。

☐ 本性阴郁。

☐ **在集体活动进行中,会独自一人溜号。**

☐ 有时甚至会拿自己的一生做赌注。

□ **被别人称作"怪人",会莫名其妙地开心。**

□ 对某件事一旦动心,就会马上行动。

□ 此时的行动力十分惊人。

□ **但是,要是没了兴趣,就完全提不起劲儿。**

□ 笨嘴拙舌。

□ 对别人有所隐瞒时,会暗自窃喜。

□ **会突然闯下大祸。**

□ **陈述自己的观点时总是滔滔不绝。**

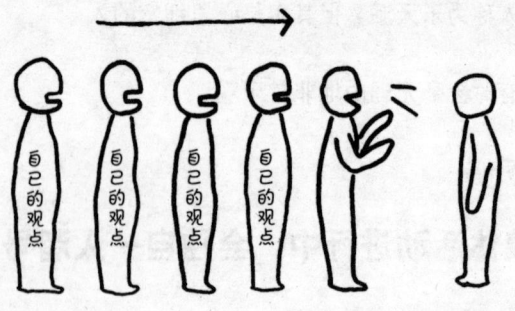

☐ 喜欢一大群人热热闹闹的气氛。

☐ 也喜欢独自一人呆着。

☐ 但却是个怕寂寞的人。

☐ 有点胆小。

☐ 有时会因为一时兴起而克服胆怯。

☐ 因此不会临阵脱逃。

☐ 怕生。

☐ 但心情好的话也可以克服紧张，装出很喜欢交际的样子。

☐ 讨厌与别人一样。绝对不愿意！

☐ 老实说，心比玻璃还脆弱。

☐ 所以很容易受伤。

☐ 不知不觉就迷了路。

☐ 然后原地打转,绕不出去。

☐ 要是找路找烦了,索性就不找了。

☐ 于是又迷了路。就这样不断重复。

☐ 最后,害得别人也陷入混乱局面。

☐ 偶尔会出乎意料地帮上别人大忙。

☐ 这时就会相当难为情,因为太少见了,一时就不知该如何是好。

☐ 不过,在心里比谁都高兴,巴不得跳起来欢呼,"太棒了!!!"

☐ 有时会觉得自己生错了时代或地方。

☐ 认为"世界上没什么事是我做不到的吧"。

☐ 不过仅限于动口而不是动手。

☐ 辩解时，总让人感觉是在撒谎。

真的吗？

☐ 所以常常不去辩解。

☐ 正因如此才老是被人误会。

☐ 结果，把自己搞得很憔悴，整个情绪陷入谷底。

☐ 白还是黑！YES还是NO！喜欢还是讨厌！干脆点，不要模棱两可！

☐ 说话的时候经常没有主语。

☐ 花钱方式总跟别人有些不一样。

☐ 老是记不住别人的长相和姓名。应该说：打一开始就没打算记。

□ 同意"每个人都有自己的意见",但绝不接受别人的意见。打死也不会!

□ 谈话时,内容很跳跃。

□ **其实想说的东西在自己的脑海里是有逻辑的。**

□ 不过一说出来就没有连贯性了,又懒得向别人说明。而且也没法说清楚自己的想法。

□ 是个爱家的人。

□ 会私下发明咒语,不过只对自己有用。

□ 对于凭感觉做的事,无论是什么都相当在行。

□ 可是很快就会厌烦了。

□ 就算迷上某些事物，热衷的原因也和其他人不同。

例如看一场球赛。

不会说："昨天的比赛，○○真是△△啊"。

不是为比赛的过程，也不是为选手，纯属喜欢那种竞技现场感。

□ 不过一旦迷上某个选手也会支持到底。

□ 别人说右，自己一定向左。这是基本常识。

□ 会朝着目标埋头直冲，一旦达到便会敷衍了事。

□ 回顾过去时虽有些惆怅，但绝不会后悔。

□ 这也成为自己继续前进的动力。

☐ 考虑事情时，要是有其他想法横插一杠，就会把之前的思路忘掉，然后怎么也想不起来。

☐ 所以就会模拟当时的状况，极力抓住一点蛛丝马迹。

☐ 结果就在这样想啊想的过程中，彻底忘光光了。

☐ 刚才是什么来着？绞尽脑汁回忆几分钟之后，干脆放弃。

☐ 就在将要放弃的一瞬间又突然想起来，不过这种情况下，想起的一般都是些芝麻绿豆大的小事。

☐ 对于一直一知半解的事物，有时会突然心领神会、豁然开朗。

☐ 却搞不清为什么会这样。

☐ 总觉得自己一直在绕远路。但要不是这样，就不会有今天的自己。

☐ 会非常卖力地做鸡毛蒜皮的小事。

☐ 讨厌"谎言"，最爱"秘密"。

☐ 所以除非是豁出去了，否则不会乱撒谎。

□ 一得意忘形起来，就容易摔跟头。

□ 总归一句话：聪明反被聪明误。

□ 总想去流浪。

□ 而且是那种一边走一边打工赚旅费的"驴游族"。

□ 关于自己的事不愿多说（对某些特定的人除外）。

□ 以前总是和别人聊自己的事，不过现在已经参悟人生、有所醒悟了。

□ 觉得过去的自己"很傻很天真"。

□ **想和艺术家一样狂热执著。**

□ 也学他们绞尽脑汁地思考的样子。

□ **想没事躺在地板上。**

□ **走路时会跳到路旁的突起物上。**

☐ 会顺着地板砖或人行横道的斑马线行走。

☐ 还蛮喜欢抓娃娃机。

☐ **但又怕玩起来就一头栽进去,所以不敢太接近。**

☐ 喜欢简单的投币式游戏机(只要把钱币投进去就心满意足了)。

☐ **是个有原则的人。**

☐ 可惜没有人遵守自己的原则。

☐ 或者说别人根本不知道自己其实很有原则。

□ 直到现在还很想玩"捉迷藏"或者"抓瞎子"的游戏。

□ 是个窝里横,在家称大王。

□ 不会想太多,因为会伤害自己的脑细胞。

□ 有一种想把天灵盖打开,将整个脑子清空的冲动。

□ **因为脑袋里乱七八糟,充满了胡乱涂鸦的垃圾。**

□ 被人说"你像猫"。

□ 对成就感会上瘾。

□ ↑为了得到成就感,会变成拼命三郎。

2 基本操作

- **自己任性是有理由的。**

- 虽然有正当理由,却没人听。

- 所以没有机会解释,就没有办法任性到底。

- **总有点懒(圆筒卫生纸用完之后,纸芯会乱丢在地上)。**

- 懒归懒,在外面却相当规矩本分。

- 想坐上筋斗云。

- 而且很认真地以为自己可以坐上去(因为太天真了)。

- 本性单纯。不过这个本性呢,只在自己内心中体现。

- 觉得自己的一切不是靠运气,而是靠实力拼来的。

- **☐ 总想隐藏自己好强的一面。少来,其实地球人都知道!**

☐ 会以傻笑敷衍别人。

☐ 一旦笑过头,脸部神经就会抽筋,然后忘记该怎么笑。

☐ 搞到真正想笑时却笑不出来。

☐ 心里会呐喊:"都怪自己太没用了!"

- **☐ 看起来好像在发呆,但脑子的转速不下于10000rpm。**

☐ 总会犯一些丢脸的错误。真是丢死人了!

☐ 常常自我满足。

- □ **会被突然发出的巨响吓一跳。胆子比老鼠还小。**

- □ **生气时会拿东西泄愤，乱摔乱扔。**

- □ 这时会故意挑那些摔坏也无所谓的东西。这一点相当冷静。

- □ 结果，因为扔得不带劲儿，反而更加怒气冲冲。

- □ 怒气暂时无法平息，这期间还会继续寻找可扔的东西。

- □ 即使这样，还是会找那些坏掉也无所谓的东西。

- □ 经常说话刻薄。

2 基本操作

- [ ] 曾被别人归类为"毒舌帮"。
- [ ] 为了寻找属于自己的地方而四处漂泊。
- [ ] 无奈总是找不到自己的安身之所。
- [ ] **曾经认为自己是"幻想族",并跟别人这么说过。**
- [ ] 但是当人家说,"哇,你是幻想族呀!"又觉得很丢脸。
- [ ] 认为做人一定要有座右铭。
- [ ] 喜欢用四字成语。
- [ ] 对于别人说的"所谓○○就是△△"这种话,毫无招架之力。
- [ ] 不过还是会坚持自己的座右铭。
- [ ] 有时,会想出连自己都不敢相信的俏皮话。
- [ ] 可惜还来不及告诉别人就已经忘光光了。
- [ ] 只要开始吃大号的棒棒糖,就一定要舔到最后才罢休。

- [ ] 开口后才在脑子里组织语句，所以说话老没有连贯性，断断续续。

- [ ] 在被人问到"关于这件事你有什么看法"时，会陷入沉思，之后发表深奥的意见。

- [ ] 但由于太过深奥，不管别人怎么努力也无法理解。

- [ ] 对于别人"你就坦率一点嘛"的要求，会想：不把自己邪恶的一面显示出来还叫什么坦率！
  有时觉得自己比对方还率真呢！

- [ ] 然而，一旦让人看到自己率真的一面，就会听到对方调侃："你还真是可爱啊。"

- [ ] 这时就想找个洞躲起来。求求你们放过我吧！

- [ ] 会想出只有自己才能看懂的暗号。

- [ ] 记备忘录记到发疯。

- [ ] 因为不记下来的话就会忘记。要是没有兴趣，就算天大的事也会忘得一干二净。

2 基本操作

- [ ] **曾尝试把不灵活的那只手练得麻利。不过只是徒劳而已。**

- [ ] 话匣子一旦打开，就算天崩地裂，讲完前也绝不停下来。

- [ ] 但不在乎别人听完之后会有什么反应。

- [ ] 不过仍希望对方在认真倾听。

- [ ] 要是话没说完就被打断，心里会很不爽，心想"你这家伙真可恶！"

- [ ] 可怜的是这种情况经常发生。

- [ ] 据说原因是"谁让他说那么长，内容还乱七八糟，根本连听都不想听"。

☐ 就算超过了忍耐限度，已经到了忍无可忍的地步，还是会咬牙硬撑下来。

☐ 认为自己直到死都只有 16 岁。

☐ 虽然嘴上不说，却始终耿耿于怀。

☐ 要是对方发生点什么，心里就会想，"这个烂人当初不就是这么对我的吗？"想归想，还是死都不说。

☐ 常因"不按牌理出牌"，而成为众人的话题。

☐ 明明就已经听到了，但还是会慢 2 秒钟才会有反应。因为得先在脑子里转两圈。

☐ 正要张口，对方已经等得不耐烦："你到底有没有在听啊？"

☐ 会一直揉眼睛，没揉到爽就决不罢休。

☐ 第六感很灵。

☐ 会爆出连鬼都不会相信的歪理，甚至还拍胸脯保证绝对不会错。

比如"牛奶这东西就是用白色水彩调出来的,绝对是这样。"

- [ ] 没过多久就会对这种狗屁不通的歪理感到厌倦。

- [ ] 如果有人劝说"那就不要瞎掰了嘛",又会想"那我就再多扯一点吧"。

- [ ] 仅是"头脑好"的人,而非努力的类型。

- [ ] 希望走那种死后能被立传著说的人生道路,或者说已经在这条路上前进了。

- [ ] **想登上名人榜。**

- [ ] 吃虎皮蛋糕时会从最外圈开始剥着吃。

- **犹豫不决时会在心里自问自答。**

- 经常被蚊子叮。

- 光一个夏天就达 10 处以上。

- 连这种小事也会向别人炫耀,不过这种人蚊大战的无聊小事根本没人感兴趣。

- 虽然不会真的做,但有时想干脆剃成光头算了,心想剃光之后应该很眩吧。

- **对有价值的东西不屑一顾。**
- **对没有价值的东西反而惜如至宝。**

- [ ] 很难心平气和地坐着,总是坐立不安或胡思乱想。

- [ ] 大胆(甚至到了鲁莽的地步)。

- [ ] **想爬上屋顶,也真的爬上去了。**

- [ ] 然后独自一人举杯邀明月。

- [ ] 一旦下定决心,就不再有第二个选择。
  晚饭吃咖喱和印度甩饼,咖喱和印度甩饼,就是咖喱和印度甩饼……

- [ ] 要是无法达成,就连饭都不想吃了。

- [ ] 这时候原本"一定要狠吃暴吃一顿"的高昂情绪,会急剧下降为"只是摄取营养罢了"。

☐ 总是在幕后当"无名英雄"。

☐ 无奈没人关注自己幕后的心酸。

☐ 最讨厌令人焦躁不安的事。

☐ 会做好无懈可击的准备。

☐ 自己明明不是这个样子,却总是被人误会。
 "别人的长相和名字你都记得很清楚嘛!"不,完全不记得!
 "你挺机灵呢!"不,人家都说我呆头呆脑的。
 "你很讨厌这个吧?"才不是,我最喜欢了。

☐ 之所以弄成这样,都是因为自己总勉强硬撑造成的。

2 基本操作

- [ ] 一思考起来总是会刨根问底。

    战争是什么？

    为什么会分成各个国家？

    人类为什么不能共同经营一个国家？

    人类又是什么？

- [ ] 和异性也可以只当普通朋友。自己是这么认为的。

- [ ] 重大发表！我，其实是O型。

    由于一直没有机会公布，所以就拖到了现在，真是抱歉。

- [ ] 虽然事后知道这是谎言，却还是会相信。

- [ ] 要是还怀疑的话，会被认为：你是因为不是B型人才这么说的吧？

- [ ] 于是又很容易信以为真。

- [ ] 只要谈到血型的话题，B型人就很容易上钩，而且情绪也相当亢奋。

- [ ] 没办法，谁让其他人对血型并不热衷呢。

- □ **明明没必要隐瞒,但一被人问起却闭口不谈。就是不想说。**

- □ 会广泛征求意见,但决定时从不参考。

- □ 只要有人请求帮忙,就会全力以赴。

- □ 可惜老是一个人瞎卖力。

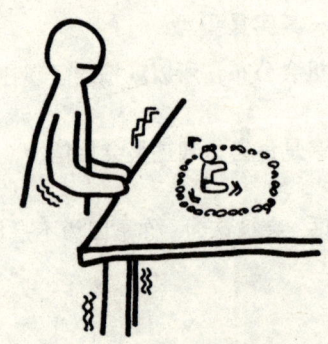

- □ 不管什么事,都想找出深刻的含义。

- □ 在"小气"与"大度"之间摇摆不定。

- □ 容易掉以轻心。

□ 最怕处理那些"还需要一段时间才能解决"的烦心事,因为处理期间心情会非常低落。

□ 不过事情一旦解决,又会觉得根本没什么大不了的。虽然一度那么烦恼。

□ 独来独往,是个孤傲的人。

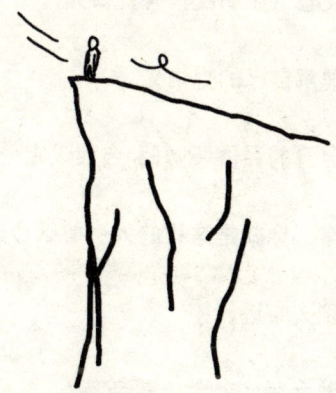

□ **自己属于大器晚成型。**

□ 不是觉得,而是事实本就如此!

3 外部连接 他人

- [ ] 对别人的话总是听不进去。

- [ ] 不干己事不关心(如朋友家有几口人)。

- [ ] 很难让别人理解自己的想法。

- [ ] 如果别人对自己的评价,刚好和自我设定一致,就会很开心。

- [ ] 但若是被断言"你就是这样的人!"则会火大。

- [ ] 不太容易和别人亲近。

- [ ] 但是一旦混熟之后,就会非常亲密。

- [ ] **如果有人因为没能彻底了解自己而疏远,会觉得"相当可惜"。**

- [ ] 心想如果换了我,肯定会试着拉拢对方。

- [ ] 和别人聊天时,会突然想起好笑的事而一个人傻笑起来。

□ 一堆人都 High 翻天时，会一个人兴高采烈地幻想接下来的活动安排。

□ 死也不主动说"对不起"，因为说不出口。

□ 但若是对方这样说的话，自己也会很干脆地道歉。

□ 在周围人都干劲十足时，自己却什么干劲也没有。

□ 当周围人没有干劲时，自己反而干劲十足。

□ 别人说"你讲话没头没脑"，但对于有头有脑的对话，自己反而会说"那又怎么样？"
　"我去○○买了△△。""然后呢？那又怎么样？"

3 外部连接

☐ 这样说不是故意装蒜,而是真的不明白,但在别人听来很冷漠。

☐ 对于大家都流泪的电影,自己却怎么也感动不起来。

☐ 却会因为一部哄小孩的简单卡通而嚎啕大哭。

☐ 会因为别人的不幸遭遇而心痛,简直马上就要掉下泪来。
"一个白领把刚买的蛋糕掉在地上了。"
"老爷爷一个人去便利店。"
"那个老头虽然拼命追赶,但电车的门还是关上了。"

☐ 说"恕我招待不周"时,就真的不去招待了。

☐ 喜欢出其不意给人惊喜。

☐ 但是却没有人给自己惊喜。

☐ 被了解B型的人说"B型生气时,最好的办法就是置之不理"时,会觉得"才不是这样咧!"但又不知该怎么解释。

- □ **被人一追就拼命逃走,人家不理又会主动接近。**

3 外部连接

- □ 让自己笑破肚皮的笑料,别人却无动于衷。

- □ 对此感到困惑,也不知道原因。

- □ 在开口说话时总是和对方撞上。
  "我说","我说","啊","啊","你先说好了……"

- □ 遇到像↑这种情况时,会谦让对方。

- □ 但若是反过来被对方谦让,就会失去说话的欲望。最后都憋死在肚子里。

☐ 经常被卷入别人的争斗（明明和自己无关）。

☐ 也经常被卷入到别人的恋爱中（还是跟自己无关）。

☐ 走在人群最前面时，虽然不太想回头看，但却总会不放心后面站的人。

☐ 所以常会装作是看车而回头瞥一眼。

☐ **总觉得大家走得太慢，就不能快一点吗？！**

☐ **也就是说，B型人健步如飞，像飞毛腿。**

☐ "大家共有"的东西也想"占为己有"，毫不客气。

☐ 即使让人白等一小时也无所谓。

☐ 但是之后会认真担负起责任。

□ 其实等人的时间并不难熬，"既然是自由时间，就做些喜欢的事"。

□ 所以，在等待期间一定会四处乱跑，最后变成别人去找自己。

□ 会把别人的烦恼当成自己的烦恼，喜欢提建议。

□ 如果突然被邀请会很高兴。

□ 比起被赞扬，更希望被认同。

□ **经常说"嗯"，"啊，是这样啊"，"哇，好厉害啊"。**

□ 之后就想不出该说什么了。

□ 要是非挤出一句话，一定是疑问句。除此之外什么也想不出来。

□ 因为缺乏兴致，就算对方有所回应，也只会继续说"嗯"，"是这样啊"。

□ 就这样一而再、再而三地重复着。

3 外部连接

☐ 即使被别人拉去作伴，也能够自得其乐。

☐ 可是，一旦找人来作伴时，就会很纳闷那个人怎么就不能乐在其中？

☐ 心想"尽兴不就行了吗"。

☐ 别人在邮件中诉苦时，回信却只有短短的一句："哦，真是糟糕啊"。

☐ 若是对方继续发牢骚，就会等上30分钟才回信。

☐ 一站在人群中，就会冒出"所有人统统消失"的想法。

☐ 别人推荐自己读某本书时会觉得麻烦。"真是多管闲事，我自己会选。"

☐ 吃火锅时,喜欢指挥别人何时放菜、何时放料。

☐ **但别人只要有一次没有遵照自己的指示,就会把东西一丢,一副哭腔地大叫:"啊~那你们来吧,我不玩了!"**

☐ **由于太过费心,反而被看成"小白"。**

"所以说,与其大家胡乱帮忙,还不如交给我全权负责更好点……"

"你总这样插嘴,叫我怎么能做下去……"

☐ 非常重视自己与别人之间的界线。

☐ **一旦有人想要越界,就会用无声的气势杀人:"给我滚开!"**

3 外部连接

☐ 不明白为什么这个世界的人都只看表面。

☐ 和年龄大很多的人也能谈得来。

☐ 在开会时，对于讨论"这次没有通知谁开会"这类问题，觉得无所谓。
想来的人自己会来啦，真麻烦。

☐ 在 Email 中开了很重的玩笑后，如果对方不回信，心里就会忐忑不安。

☐ "糟糕，不会生气了吧？"顿时陷入恐慌之中。

☐ 所以又发了一封 Email，但还是没有回信。
完蛋了……

☐ 是否该再接着发邮件呢……但是……万一……可是就这样一直不知所措。

☐ 结果，过几天发现什么事也没有。

☐ 瞬间心中的一块巨石落地，不过这时反倒生起对方的气来。

□ **不想让别人进入自己的房间。**

□ **有人吃东西掉碎屑！怒气顿时直线上升。**

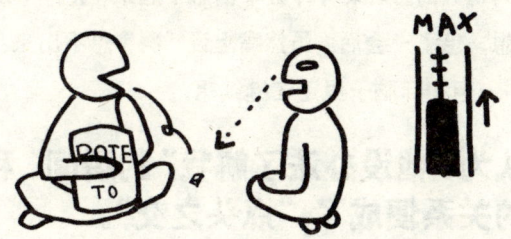

□ 和朋友一起看DVD时，如果对方总是唧唧歪歪，就会开始后悔："唉，早知道就一个人看。"

□ 周围的同龄朋友，很多会常常说"我已经过了……的年纪。"

□ 对小孩子非常认真，甚至会忘乎所以地和他们玩起来。

□ 把握不好短信聊天的结束时机。

□ 下定决心结束聊天，却又回了短信。

□ **被别人说接电话的声音"好可怕"、"真冷淡"。叮铃铃……"喂！"**

3 外部连接

☐ 自己的话老被别人误解成其他意思。

☐ 但又不敢说"你搞错了",因为会令对方很没有面子。

☐ 和别人聊天时,如果有什么事情想不起来,会停下来和对方一起想。想了一会后,虽然嘴上说"啊,想不出来,算了不想了",但实际脑子里还在继续想。

☐ **在认为"他没办法了解我"的瞬间,和这个人的关系便成了"点头之交"。**

☐ 除非时机到了,否则自己正在进行的计划不会告诉别人。

☐ 既有前辈规范,也能遵守晚辈规矩。

☐ 比较喜欢上下分明的关系。

☐ 不过没有这种关系也无所谓。

☐ 但是讨厌不上不下。

☐ 并不讨厌顽固的糟老头。

☐ 不想让人看到自己努力的样子。

☐ 一旦被人吵醒就会气得想骂人。

☐ 讨厌那些常说"我身体不太舒服"的人,不但看不出他哪里不舒服,听到这种话也会很困扰,不知道该怎么回答。

☐ 就连问他"要不要紧"都嫌麻烦。谁要管他的死活!

☐ 总是充当旁观者。

☐ 一不小心就会察觉到本不该察觉的事。
"不小心看穿别人对自己撒的谎"。
"不小心听到了不该听到的话(偶然)"。
"不小心看见把自己东西弄坏的朋友在拼命隐瞒的样子"。

☐ 当自己成为众人讨论的话题时,会不知该如何是好。

☐ 不过,话题转移时又会觉得可惜。

3 外部连接

☐ 对于被邀请了但无法参加的聚会很耿耿于怀。

☐ 所以不管处于何种状况,都会想办法让自己开心。

☐ 经常被人问路。

☐ 而且对方形形色色,不分"年龄"和"国籍"。

☐ 常在走路时被人一把拉住(如推销员、美容师等等)。

☐ 虽然会装作看不见,但仍会在心里说"对不起"。
而且是真心同情他们。

- [ ] 讨厌那些无论怎么邀约都找借口拒绝的人。

- [ ] 所以,我再也不会约你了!心里虽然这么想,但下次还是会去约人家。

- [ ] 结果对方又"谎遁"了,此时,内心的错愕和愤怒熊熊燃烧。

- [ ] **心想"不愿意去就直说好了,扯这种烂谎!"**

- [ ] 但是,只要那个人一约,还是会跑去赴约。

- [ ] 别人经常找自己商量事情。

- [ ] 对方明明知道自己听不进去,但还是会跑来商量。

- [ ] 懂得欣赏别人"内在的优点"。
  "这个人,能理解我。"
  "这个人,虽然还不太熟,却可以像疯子一样玩闹。"
  "这个人,是可以一起商量事情的人。"

> 3 外部连接

☐ 随口哼歌时，讨厌别人加入进来。

☐ 不过，总是会被别人跟着一起哼（啊，害得我都不想唱了，真可恶）。

☐ 就算心中生气，收尾时也是撒娇的语气。
"啊！？别这样嘛，下次不可以了噢。"

☐ 因为不希望对方一怒而去，所以整个人变得畏缩起来。但是，最终离开的反而是自己。

☐ 经常被人当成借口。
"可不可以假装今天是跟你出去玩？"

☐ 一被别人这样拜托，就开始考虑各种细节。
"那，就说我们是○点见面之后，去了△△吧。"

☐ 这时候脑筋异常地灵活。

☐ 和完全陌生的人可以立即成为朋友（仅限当天）。

☐ **不管什么聚会活动，总是负责拍照。**

☐ 所以都没能拍几张自己。

☐ 而且，明明还有别人带了相机，就是没有拍到自己。

☐ 更糟糕的是，帮别人加洗照片却没收到一分钱。

☐ 而且不敢向对方要。

☐ 集体照相还罢了，如果有人只对着自己举起相机，则会设法跑掉。
手机摄像头更是不行。

☐ 在乘坐出租车时会和司机谈天说地，很能聊得来。

☐ 但如果对方没先开口，则会沉默到最后。

3 外部连接

☐ 和朋友道别后,脸上会浮现一丝微笑,而且还会回头看。

☐ 但就在对方也差不多要回头的时候,脑子里却已经神游太虚了。

☐ 觉得拖拖拉拉不挂电话的家伙很烦人。
"再见——""嗯,再见——""嗯,好""再见——"
到底要说几次"再见"才够啊?都够蒸熟一锅饭了!

☐ 无聊的时候会打电话给朋友。

☐ 聊的都是一通废话,而且对方也是一头雾水。

☐ 因此真的有事相求时,对方反而不接电话了。

☐ 被别人要求帮忙做些自己讨厌的事时,会不想"回应"。
虽然也会去做,但就是不说"好的"。
会小小地反抗一番。

☐ 看到别人抖腿,会很想冲上去按住。

- [ ] 明明是大家一起聊天，有时却觉得自己一个人在孤零零地旁观。

- [ ] 那些比自己更早历练人生的前辈提出建议时，会觉得头疼。每个人所走的路都不一样，而且我知道该怎么做决定。

- [ ] 会毫无隐瞒地把秘密告诉完全无关的人，对方也没有察觉到这是秘密，因为实在与对方无关。

- [ ] 要送别人礼物时，会为对方选择最适合的。

- [ ] 但是自己却常常收到"令人发呆的东西"。

- [ ] 结果，因为不舍得扔掉而困扰。这东西到底怎么处理啊！

- [ ] **被猫咪讨厌，猫一看到自己就跑开。**

3 外部连接

☐ 很讨外国人喜欢。

☐ 因为比较会附和对方的反应。

☐ 仅仅因为不想让对方留下不好的回忆。

☐ 明明是自己很熟悉的人,却全然没有注意到对方发生了什么事。

☐ 因此有点烦恼。

☐ 对那些夸耀自己"通宵奋战"的人很郁闷。难道全世界就他一个人在熬夜啊!

☐ 当对方说"请不要客气"时,立即变得客气起来。

☐ 但当自己这样说时,大家就真的不客气了。

☐ 奇怪的是,别人说不要客气时,反而会让自己更拘束。

☐ 对那些"抱怨不幸"的话完全听不进去。"嗯,是吗?"

- □ **懒得去理那些行为失控的疯子。麻烦死了！别惹我就好。**

3 外部连接

- □ 看似一副很"小白"的样子，其实很会察言观色。

- □ 虽然懂得察言观色，却仍然经常坏事。
  烦死了！这种气氛真是让人受不了！

- □ 事情一旦严重到一发不可收拾，就会自动消失。才不想被牵扯进去呢！

- □ 别人睡觉时，不忍心叫他起床，也不敢弄出大声把对方吵醒。

- □ 所以会不知不觉地蹑手蹑脚。

- □ 不过自己却不在意被别人吵醒。

- □ **被人揪出缺点时会稍微反省，不过可别指望B型人会痛下决心改正。**

- □ 除非自己想通了要改，否则别人说破天也没用。

- □ 所以自己也不会纠正别人的过错，否则人家认真起来会麻烦死。

- □ 如果别人要求自己"不要说出去"，就绝对不会说出去。

- □ 但自己叮嘱别人"千万别说出去"时，总是会被泄露。
  怎么会这样呢？难道他听错了吗？还是忘记了？

□ 虽然知道别人说"我懂,我很明白"时,只是出于安慰或者随声附和。
但还是会怀疑对方:"嗯?你明白?"

□ 到最后就会变成:你又不是我,你明白什么?那就给我说说看,什么地方、什么事情你明白?说啊,快给我说!

□ 总而言之,我不是要听你说"我理解"这种话,只是想让你充当情绪垃圾桶。
所以,拜托让我说完吧。

□ 话虽如此,自己也常对别人说"我懂,我理解"。

□ 不过自己是真的理解,才会这样的。

□ 而且这句话还包含了"因为我不是你,所以没办法100%理解你的感受"的意思。

□ 可是没人会知道自己想得这么深远。

□ 因此,才常被人误会是在敷衍对方。

□ **最讨厌反对意见。**

3 外部连接

☐ 原则上还是认为自己才是硬道理。

☐ 不过就算是抵触意见,偶尔还是有人能够说服自己。

☐ **此时就会觉得对方好厉害。**

☐ 因而喜欢上对方。

☐ 这样的人才是真正理解自己的人。

☐ 只要聊一聊就能明白彼此的想法,即使不说也能心领神会,好轻松。

□ 所以就算对方断定"你就是这样的人",也能完全认同。

□ 不想被人打听的事常常被打听;不幸的是,希望公开的事情反而没人问。

□ 所以就会试着引诱别人问那些希望他们问的事。

□ 一旦对方顺利上钩,就喜不自禁。

□ 但丝毫不会表露在脸上。

□ 虽然大家都说B型"自私、冷淡……"等等,但是呢,B型人认为:B型人集中了各色人等的"向往"。

□ 因为B型人会去做那些被认为"难以做到"、"不可能"、"想做却下不了决心"的事。

□ 所以,明明没有打算去做,却因为别人的絮絮叨叨而感到犹豫。
"真是的,烦死了!""总不能摆着不管吧?""可是这样的话……叽里咕噜……"
"你给我闭嘴!"

- [ ] 敢拍胸脯保证就算遭到严刑拷打,自己也绝不会背叛朋友。

- [ ] 但因为平时看起来冷漠,所以被人说是最有可能背叛朋友的人。

- [ ] 凄惨的是,总是被说这种话的人背叛。

- [ ] 这时心想,果然不出所料。

- [ ] 不知为什么,自己借出去的东西总是像迷路的孩子,找不到回家的路(一转眼已经有十年了)。

- [ ] 自己又发不出搜索令(他弄丢了吧?)。

- [ ] 在毕业纪念册里,一定有人会写"你是一个坚持己见、不受控于别人的人"。

- [ ] 但看到这句话却会难过得想哭。
  因为这个人果然还是不了解自己。

- [ ] 所以,会这样写的人就是不了解自己的人。
  不是这样,我根本就不是这样!

☐ 被年长的人说"你一点也不可爱"（要你管啊！）。

☐ **当别人辩论得面红耳赤时，自己的情绪会比当事人还要亢奋。**

☐ 所以会欣赏那些爱争辩的人。

☐ 无论何时何地，总在寻找那些个性与自己相似的人。

☐ 因此一旦出现想法相同的人，就立刻会说"我很理解他的心情"。

☐ 应该是比人们所认为的"理解"更加"深刻的理解"。

☐ 但是如果有其他人也这样说，自己一定会认为对方"是骗人的吧"。

☐ 写东西时不想让别人看到，一旦被别人看到就不想写了。

☐ 这时会觉得自己像"一只被毒蛇盯上的青蛙"。
因而坐立不安。

3 外部连接

☐ 走路时，不愿为别人让路。

☐ **真不巧，本人并没有那种"互相谦让的精神"。所以还是请你让开吧。**

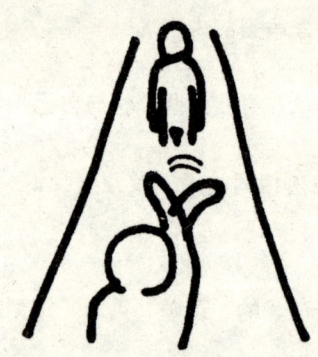

☐ 虽然心里这样想，可最后让路的还是自己。可恶！腿怎么不听话？

☐ 讨厌那些在外面一见到婴儿就去逗他的人。

☐ 更讨厌的是，他们经常话说到一半就跑去逗小宝宝。喂喂，我话还没有说完呢！你让我把话说完嘛，喂！

☐ 坐公交车时，明明是转头看窗外，却被邻座的人误认为是在看他，真让人尴尬不安。

□ 一个人的时候胆小如鼠，但只要一有他人在场就勇猛如虎。

□ 话说到最后会刻意留下有点玩味的谜题，却没有人能听懂。
"嗯？啊，唔……？？""啊，没什么，别在意。"

□ 要是耿耿于怀的事被人故意打听，就会忍不住想要反驳回去。
"哪有，我一点都不在乎~"

□ 要是有人说"你还是不懂我的意思"时，
就会想"哎哟，你说出来了哦！你说这话的时候，我就知道你不了解我"。

□ 觉得B型人真是惹人喜爱，不管怎样都没法讨厌他。

□ 就算是恶作剧，也不过是些小小的玩笑罢了。

□ 聊天时虽然会说错话，但使用Email或短信时，却会吐出金玉良言。

3 外部连接

- [ ] 有时甚至让人感动到热泪盈眶。喂,竟然哭了,真的这么感动吗?

- [ ] 只要被目不转睛地盯着,无论是人还是动物,都有一种暴打对方的冲动。

- [ ] 希望自己能在别人的回忆中占据一席之地(是谁倒无所谓)。

- [ ] 当别人开始烦躁不安时,自己也会跟着烦躁。

- [ ] 谁让他们调转矛头冲向我的?这样让我很困扰啊!

- [ ] 如果正好遇见B型人在焦虑地倾诉或遭到误解时,会很宽厚地告诉对方"没关系,我很理解你"。

- [ ] 但对B型以外的人则是——"哼哼,活该!!!"

- [ ] 总是被人说性格难以捉摸,但别人只要搞懂就很好掌控。

- [ ] 只不过,除非是自己认可的人,否则不可能受他掌控。我是那么容易就让你控制的人吗?

- [ ] 有时会被别人误以为是A型人。

□ 讨厌那些把自己错认为 A 型的人。

□ 被很久不见的人问"最近在做什么"时，心里会想：你问这个有什么用意吗？

□ 自己反而很少这样问。一是没有兴趣，二是别人回答了，自己也不知道该作何反应。

□ 即使同为 B 型人，对方的地位要是比自己高的话就会被他牵着鼻子走。这真的很讨厌。

□ 所以无论再怎么喜欢 B 型人，一旦损害到自己权益，也会同类相斥。

□ 把烦恼和不安向关系较远的人倾诉后，心情会舒畅很多。但对身边的人则怎么也说不出口。

3 外部连接

☐ 我一定要告诉你"和谁一起,去了哪里"吗?你凭什么这么霸道?

☐ 讨厌那种想要把不严重的问题搞得天翻地覆的人。

☐ 因此,一旦对方非常严肃认真地把小事说成大事时,会觉得可笑。

☐ **不会把自己喜欢的店告诉别人。**

☐ 要是告诉非 B 型人:"我身边有一大群 B 型的朋友",对方就会说"什么?这有什么好炫耀的啊!"

☐ 听到对方说"你这是在强词夺理"时,连说"是吗?那又怎样,你当然会这样想"的勇气也没有,而且还有一种无力感。

☐ 自己想要的东西总是和周围的 B 型人撞车。

☐ 果然是心有灵犀呀!

☐ 不过,既然撞车就不买了。讨厌和别人一样。

☐ 在外面看到认识的人会故意躲开，匆匆离去。

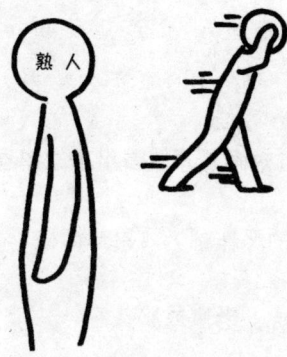

☐ 喜欢追求梦想的人。

☐ 但是不需要对方热烈地诉说那个梦想。

3 外部连接

4 各种设置　　　倾向 / 兴趣 / 特长

☐ 兴趣广泛。

☐ 擅长看3D画（对眼儿才能看出来的图画）。

☐ 会搞一些小小的恶作剧。效果却棒极了。

☐ 想尝试饲养白虎、老鹰或猫头鹰。

☐ 非常喜欢复古的东西。
　"email虽然方便，但还是写信吧。"
　"吊带衫虽然好，不过我还是想穿旗袍。"
　"拨盘式电话虽然麻烦，但还是想打打看。"

☐ 但是，全盘复古又会受不了。

- [ ] 会买一些莫名其妙、用途不明的东西（如马桶型的钥匙圈，30厘米长的巨型铅笔）。

- [ ] **房间里一定有只有自己才能欣赏的好东西。**

- [ ] 擅于挑人毛病。

- [ ] 拥有一本谁也不会读的"不可思议之书"。

- [ ] **觉得"危险的诱惑"充满魅力，但一旦面临又很害怕，绝不让自己深陷其中。**

- [ ] 曾经热衷于古装剧。

- [ ] 会突然有跳上身边任何一辆电车、开始漫无目的的流浪的冲动，直到钱花完为止。

"我去趟便利店"→就这样开始一场旅行。

- [ ] **想要"独自"进行一场中途下车的随性之旅。**

- [ ] 这时候很容易受到热衷事物的影响。

- [ ] **有在壁橱里睡觉的经历。**

4 各种设置

☐ 迷恋一种事物的地方异于常人。

☐ 曾经收集过奇怪的"系列玩具"。

☐ 不过最后都进了垃圾箱。

☐ 待在卫生间会感到很平静,所以,没事就会躲在里面。

☐ 钥匙环上总是套着一堆叮铃当啷的小东西。

☐ 不过却不怎么喜欢手机吊饰(觉得碍事)。

☐ 可是一旦绑上手机吊饰,就会绑一大堆。

☐ **在玩黑白棋时会挑黑色的棋子。**

☐ "小时候很流行练习自己的签名,对吗",就连长大后也还在想签名的方法。

☐ 而且现在也还在练习自己的签名,明明就没打算要签给谁。

☐ 喜欢整幢大楼都是商店,就像书店或超市等。

☐ 回过神时,自己已经在里面呆了一整天。

☐ 但要是和别人一起去就会越逛越气愤,因为对方一直在问逛完了没有。
"知道了知道了,我现在就走!唉,还是一个人好啊!"

☐ 喜欢那些歌词道出自己心声的歌。

☐ 不过其他喜欢的歌,就跟歌词没关系了。

☐ 喜欢爬树。

☐ 当体育馆因表演晚会而变得一片漆黑时,心里会莫名地兴奋。

☐ 当天空的颜色因为打雷而变得诡异时,心里也会觉得兴奋。

4 各种设置

☐ 拥有无聊至极的特长,不过很以此为豪。

☐ 对于角色扮演游戏那种按部就班的进展方式,绝对无法抵抗。

☐ 但不喜欢让别人接着玩。

☐ 如果让别人玩,也不会存储在同一局里。

☐ 手机铃声很奇怪,只有自己才知道那是什么声音。

☐ 实在看不明白那些让人搞不懂的抽象画,而且也不想搞懂。凭感觉去看就好了嘛。

☐ 自己的电影评论总是没人能懂。

☐ ↑因为全都是"感性的"、"哲学性的"、"理论性的"评论。换句话说,就是根本不知道怎样去评论电影。

☐ 很会跟人一唱一和。

☐ 觉得运动员里B型占多数。

□ 会在家里饲养的动物身上乱写乱画（画上圆点，或者描上胡子）。

□ 不愿相信占卜或心理测试。虽然不信，但还是会看一看。只是稍微看一看。这种事先知道一些也不错。

□ 要是被说中的话就会深信不疑。"咦，'你很反复无常'这点说得很准呢"。

□ 喜欢玩过山车。

□ 而且只玩一次不过瘾（至少要玩三次）。

□ 可惜没有人愿意一起坐。于是便一直念念不忘。

☐ 比较喜欢线香焰火。这种单纯的闪烁发亮，好美啊！

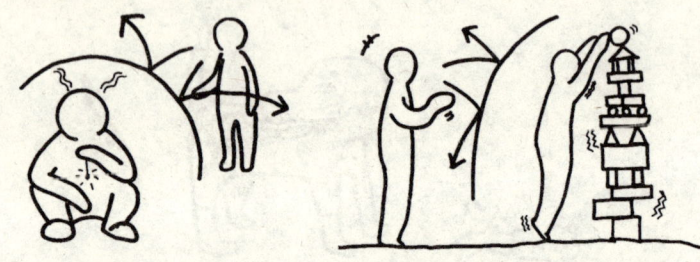

☐ ↑玩烟火的时候会心想：最好谁都不要来和我搭话。

☐ **也就是说，我在集中精神时谁也不要来搭话。最好不要管我。**

☐ 换句话说，这时要是有人不知死活来搭话，我就会很生气。吵死人啦！啊，真是烦死了！好不容易可以玩烟火。讨厌！不玩了！

☐ 会观察别人。

☐ 而且是完全不认识的人（如路上的行人）。

☐ 不过并没有什么企图。

- [ ] 因为对那个人没有任何兴趣。

- [ ] 在虐待狂和受虐狂中,是"超级虐待狂"一方(因人而异,但是不会变成中立)。

- [ ] 会记住无意义的词汇或地理名词,如"哈酷那玛塔塔"、"乌干达"(不懂的话去问问百度大神吧)。

- [ ] 知道的词汇完全派不上用场。

- [ ] 尽管如此,却写不出"宜敷(请多关照)"这两个字。

- [ ] 已经老大不小了,泡澡时还是想玩水枪。
  瞄准墙上的污渍,"咻~",射击!

4 各种设置

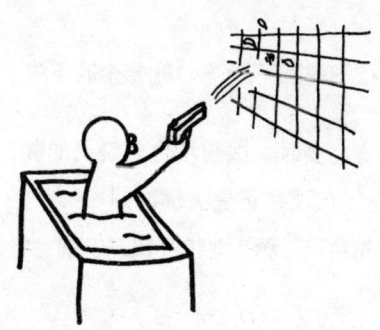

- [ ] 炒面里不想放配菜,可以的话想把"面条"和"炒菜"分开。

- [ ] 一旦迷上某件事就会浑然忘我,所以看起来有点像宅男(女)或疯子。

- [ ] 不过厌倦起来也是神速,很快就忘得一干二净。

- [ ] 了解不少变戏法或宴会助兴的节目。

- [ ] 一旦开始剥起桔子上的白色桔络,就停不下手。

- [ ] 除非全部剥完,否则一口也不吃。

- [ ] 结果剥好的桔子全变得干巴巴的了。

- [ ] 不过有时白色桔络完全没剥就直接吃下去了(剥掉好麻烦,还是算了)。

- [ ] 更夸张的是连桔子瓣都不掰开,就整个咬下去。

- [ ] 打开电视看体育比赛时,很想堵住解说员的嘴。
  "啊,真是吵死了!现在正是关键时刻!"
  要是解说员抢先自己"啊"地惊呼出来,就会觉得自己没有用武之地。

- [ ] 以前让自己哭泣的情节,现在还是没有抵抗力,看一次哭一次。

□ 而且每次都做好了心理准备（接下来就要哭了，预备，起！）

□ 觉得自己也能练成那些看起来不太可能练成的体操技巧。
　"我弯腰后掌心好像可以贴地。"
　"我助跑之后应该可以飞檐走壁。"
　"我从台阶的最高一层往下跳应该能成功着地。"
　"我后空翻好像也没问题。"
　"我或许还能攀岩。"
　"我也许能像忍者那样一下跳到屋顶上。"
　"还有，我还可以在水面上行走。"

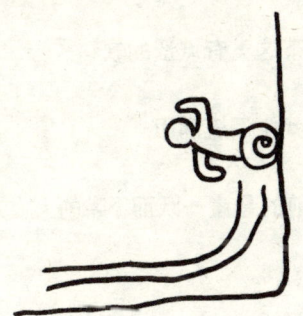

□ ↑要是上述动作有人能做到，就会想说，"我也能行"。

□ 不知道怎么，就是喜欢地球仪。

□ 对强力胶的气味非常着迷。

☐ 假如能长出羽毛翅膀，更希望是黑色的而不是白色的。啪啦啪啦！

☐ 爱咬吸管。

☐ 喜欢用自由泳式，全力以赴地游泳。

☐ 自己的房间里堆满了游戏道具。
电视游戏机、飞镖、扑克、桌上型游戏机……

☐ 会把吐司切边之后再吃。

☐ 喜欢昆布茶、玄米茶这类有点涩的饮料。

☐ 光看电影的预告片就能泪流满面。

☐ 认为真正敢"从面前的悬崖一跃而下"的人，大概就是B型人吧。

☐ 会反复迷上同一样事物。

☐ 因此会把收集来的东西先放在一边。反正以后还要用呢。

☐ B型人会处处留下暗示。

"那件事在我的脑子里（注意）。"

"那件事出现在我说的话里（快注意）。"

"那件事我已经用行动表现出来了（你差不多也该注意到了吧）。"

☐ 不过大部分人都对这些暗示毫无察觉，因而渐渐走远了。就这样被误解了。

☐ 知道一些永远派不上用场的偏门知识。

"我能完整地说出甲乙丙丁等天干地支哦。虽然可以自夸，不过好像也没什么大不了。"

"我对历史很熟悉。虽然只是某个时代的很少一部分。"

"我知道黑白棋的必胜秘诀。真想找个时间和某个人决一死战。"

☐ 有电话铃和门铃恐怖症。绝对不去接，手机倒是没关系。

☐ 用橡皮时不常使用棱角。因为不愿意。

☐ 要是被朋友不经意地用掉了,会怒火中烧,但表面上还是笑模笑样。

☐ 对那些单调而复杂的工作乐在其中。

☐ 刻意把新东西弄成"好像用了很久"的感觉。
扔、踩、摔,或者把边角磨平。

☐ 对于 B 型人,无论男女,都能说得通。

☐ 认为自己的想法就是传说中的"男性思考逻辑"。男女都一样。

☐ 认为有的历史人物"是 B 型人"。
"织田信长"。
"坂本龙马"。
"土方岁三"。
"列奥那多·达·芬奇"。

☐ 为什么会这么想?这个嘛,当然是凭感觉!

5 程序

工作 / 学习 / 恋爱

□ 虽然坚持不久，但集中力超强。

□ 擅长记东西，但马上就忘了。

□ 成绩表忽好忽坏。

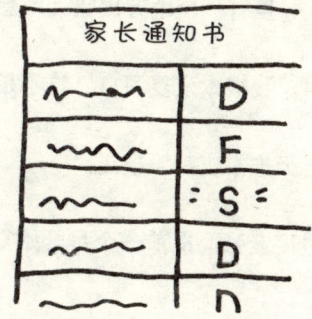

□ 橡皮一旦用小了，就想丢掉再买块新的。

□ 自动铅笔的笔芯要连按三次再书写。

□ 很介意那些只按一次笔芯就写的人。

☐ **在笔试时会检查一次，但检查到一半就懒得再看下去。**

☐ 之后就完全靠自己的实力了。

☐ 没想到从漫画中也能学到东西，并对自己佩服得五体投地："哇！我真了不起啊"。

☐ "会念书"根本没有用，尤其是对自己而言。

☐ 在制作东西时，一旦有一个地方出错，就想从头再来。

☐ 在考试前会大叫"我根本没复习！"这不是在唬人。

☐ 曾经到了考试当天连书皮都没摸过。

☐ 但有时会由于过度紧张而提前一个月开始复习,结果看书看到烦。

- [ ] 曾忘掉一门考试科目,甚至直到考试当天也不知道有这门科目的存在。

- [ ] 不过在考试开始前的几分钟,会捧着书以惊人的集中力猛啃,最终勉强过关。

- [ ] 大学学分竟因一些微不足道的原因而被扣。
  "忘了提交报告"。
  "旷课太多,而且是明知故犯(根本不想上课,而且缺乏兴趣)"。

- [ ] 但是并不太在意,反正船到桥头自然直,不直我就把它弄直。

- [ ] 之后还会计算这门课接下来还能请几次假。

- [ ] 能请几次就请几次。

- [ ] 要是被逼到走投无路,就会脑袋空空什么也不想了。

- [ ] 这样一来,到"危急存亡之际"反而能逼出一个好方法。

- [ ] 正因为知道这个行为模式才会不断重蹈覆辙。

☐ **不擅长集体活动。**

"然后怎么做呢","接下来该怎么办呢","那么该如何才好?","然后呢?"

最后就会变成:你们压根就没动脑筋思考吧。

☐ 结果,迫使自己不得不亲自去做。

☐ 讨厌集体讨论事情。

☐ 会有逼问对方的冲动:"你们其实根本就答不出来吧?"

☐ 说什么"大家在一起相互沟通的过程最重要",管他过程还是什么,我统统没有兴趣,所以打一开始就没这么做的习惯。

☐ 不过假如是一对一的讨论,就放马过来吧,不过只限于我感兴趣的人。

☐ 对于自己责任范围内"不得不做的工作"总是能拖就拖。

☐ 可是对于连带责任内"不得不做的工作"却很全力以赴。快一点啦!

- [ ] 要是被下令"去做吧",就算当头儿也义不容辞。

- [ ] 不过乍一看,就没有一件事是自己能挑头的。

- [ ] 在恋爱中,希望对方把自己看成是"人",而不是男或女。

- [ ] 比起爱情,更喜欢恋爱的感觉。

- [ ] 不知道为什么,想要谈一场错综复杂、刻骨铭心的恋爱。

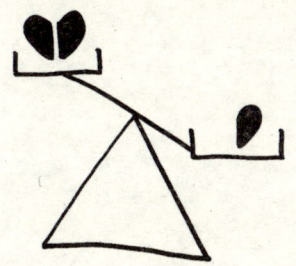

- [ ] 一旦坠入爱河就会做出类似跟踪狂的事情。
  "他(她)摸过的东西,当护身符"。
  "观察他(她)的衣服颜色"。
  "记录和他(她)的交谈次数"。
  "偷偷收藏他(她)的东西"。

- [ ] 不会去问别人的恋爱观。

- [ ] 因为自己有自己的方法,不需要别人的意见。

- [ ] 比较喜欢恋爱中的自己。

- [ ] 真心喜欢上对方的恋情只有屈指可数的几次。

- [ ] 曾有过那种爱得苦不堪言,整颗心老是纠结成一团无法解开的经历。

  我已经尽力了!以后好好加油吧!

6 遇到问题·故障时　　　自我崩溃

☐ 虽然偶尔会发脾气，但真正的发飙，一年顶多一次。

☐ 一旦真的生气就会闷不吭声，一言不发。

☐ **然后会装作"什么事都没发生过"，把惹自己生气的人当成空气，无视他的存在。**

☐ 会因为莫名其妙的小事大发雷霆，把旁人吓一跳。
"聊天中突然发怒（明明刚才还在笑）"。
"被人搔痒"。
"被人摸头（不要碰我）"。
"被人翻看皮包（这是属于我自己的世界）"。
"被人弄乱房间里的东西（不要乱放）"。

☐ 一旦被激怒，就会以奇怪的方式向对方发动攻击。
"乱扔纸巾"。
"乱撒冰块"。
"乱丢这家伙的东西"。
这样做的唯一结果，就是让自己事后的打扫变得更麻烦。

☐ 在路边突然发现野猫或鸽子时,会心里痒痒的。

☐ **再也按捺不住了,"哇"地大叫一声,冲上去!**

☐ 喜欢小酌几杯。

☐ 不过就算喝醉了也不会给别人添麻烦。

☐ **通常是自己想办法解决,总会有办法的,就凭那颗倔强好胜的心。**
(其实已经醉得步履蹒跚)

☐ 谁也没注意到自己已经醉了。

☐ 虽然很悲哀,但还是会装作若无其事的样子。

- [ ] 情绪总是不稳定。

- [ ] 但不想告诉别人"其实我的情绪很不稳定"。

- [ ] 因为不愿让别人觉得"你看,这家伙又情绪不稳定了,真受不了"。

- [ ] 而且,也不想被归类为那种人。

- [ ] 曾怀疑自己是不是得了轻微的忧郁症。

- [ ] 会突然间方寸大乱。

- [ ] 却将原因藏在内心深处。

- [ ] 乱了几分钟之后,就会装作什么事都没发生。

6 遇到问题·故障时

7 存储器·其他　　记忆/日常

☐ 跟不上流行趋势。

☐ 但曾有过只有自己才热衷的事物却成为全世界流行风潮的经历。

☐ 结果,与自己"一模一样"的家伙便不断繁衍,于是心情低落。

☐ 明明是我先开始的……但想归想,要是告诉别人一定会被认为在说笑。

☐ ↑这声热切的呐喊传不进别人的耳朵便随风消散。

☐ 心中的这个疙瘩会让自己很久之后仍耿耿于怀,且"嗯嗯嗯嗯嗯嗯啊啊啊啊啊啊啊"地哀号。

☐ 购买的东西没几天却降了价,不过没关系,因为觉得买到了"让自己心花怒放好几天的幸福",所以不会受到什么打击。

☐ 若是遇到命中注定般的事物,无论如何都要弄到手。

☐ 偶尔会思考一些无关紧要的问题。
 "从大地到天空的距离,相当于从中国到哪个国家呢?"

☐ 偶尔会想一些无意义的事。
 "我想要飞上天。"

☐ 才刚说出口,旁边的人就会惊讶地问:"你有病啊?"

☐ 不过对这种反应完全不在乎。

☐ 在彻夜难眠的夜晚,只要一闭上眼睛就会同时看到"一团漆黑"和"一片混乱"。

☐ 会在半夜突然开始改变房间的陈设。

7 存储器・其他

- □ **讨厌"常识"、"普通"这类词语,"一般"则是勉勉强强能接受。**

- □ **给东西取名字时,会很认真地考虑。**

- □ 结果使情况变得过于复杂,最后就随便乱取了一个平常的名字。

- □ 即使是芝麻绿豆般的小事,也能从中体会到一股幸福的暖流。

- □ 可惜别人无法体会。

- □ 对于学校举办的音乐欣赏会等活动,虽然大家都觉得无聊,但自己只要听到音乐响起,就会感动得想哭。不过,这件事要保密。

- □ 在电视上看到"猎豹捕捉猎物"后,觉得自己和猎豹很像,都是短期集中型。

- □ 有时随便乱弄却会变得"很好看"。

- □ 虽然称不上自恋,但看见镜子或玻璃时还是忍不住会多看几眼。

- [ ] 如果看到这种情况的人说"你很自恋嘛"的话,心里就会想"我就知道你会这么说",用脚趾头想也知道。

- [ ] 毫无目的且不受时间约束地游荡时,会感到很幸福。

- [ ] 可惜无法和任何人分享。

- [ ] 对于那些莫名其妙的歌词,觉得多少可以理解。

- [ ] 购物时,要是同行的人死缠着不放就会感到烦躁。

- [ ] 店员也不要过来!我会闪人。

- [ ] 在商店闲逛时,明明没做什么坏事,却总显得行为可疑。

- [ ] "我可不是可疑人物!要像往常一样,保持平常心",越是这样想就越显得形踪可疑。

- [ ] 动不动就换发型和穿衣风格。

- [ ] 因为想要在别人心中留下不同的印象。扮成各种样子不是很有趣吗?

- [ ] 曾看着镜子里自己的脸而忍不住笑出声。

7 存储器・其他

□ **包包总是重得要命。**

□ **用不着的东西也一起带着走。**

□ 如果蛋筒型巧克力糖的下半部分折断的话，就会难过得想哭。

□ **走路的时候，不知道为什么就是会往上看。**

□ **不断交替"彻底清扫"和"根本不打扫"。**

□ 有时突如其来就开始大扫除。

□ 但只限于自己活动范围内。

□ 去主题公园时,不会和那些人偶合影,因为觉得很麻烦。只会袖手旁观地说:"噢——噢,靠近一点,靠近一点!"

□ 不过一旦专心于摄影,就算天塌下来也会死抓着相机不放。

□ 对人一视同仁。

□ 曾经认真思考过关于法律的事情。

□ 不过着眼点明显和其他人不同。

□ 幼年时,曾经独自一人在空地上边幻想边玩耍。

7 存储器・其他

- ☐ "我不想长大！"直到现在还在为这事困扰。

- ☐ 不过仔细想想，与其说"不想长大"，倒不如说是自己根本长不大。

- ☐ 不盖好被子就会觉得不自在。

- ☐ **睡觉时不敢把脚从被子里伸出来。总觉得害怕，好像会被什么东西抓住。**

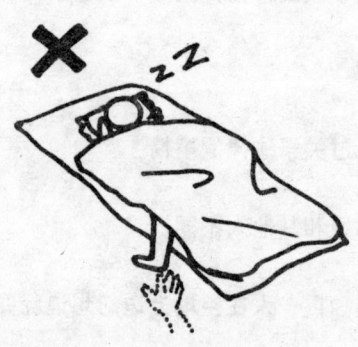

- ☐ 不过在夏天，会壮起胆子把脚伸出一点。

- ☐ 有时会不可思议地做了和别人一模一样的梦境或事情。

- ☐ 但是平时记不起这种感觉。

- [ ] 吃饭时习惯一道接一道吃，没办法几道菜同时跳着吃。

- [ ] 在必须认真听的时候，会因为一味想着"一定要认真听"而听漏。

- [ ] 舍不得丢东西，会把看起来还能用的东西收起来备用。

- [ ] 等到打扫时，却又毫不吝惜地统统扔掉。

- [ ] 巴不得把房间里的东西全部清空。

- [ ] 但是最后没有丢掉一样东西，因为不知道什么该丢。

- [ ] **虽然没有阅读说明书，却大概知道怎么使用。**

- [ ] 如果搞不明白怎么使用，就会彻底研究说明书。

- [ ] 很想得到一款外形独一无二的手机。

- [ ] 可惜山寨机的功能总是差强人意，所以最终不会要。

☐ 虽然会使用电脑，却总是用不好。

☐ 会很认真地对电脑发火。

☐ 在打开网页时，看见浏览器右下方"等待时间进度条"之类的东西就一肚子火。

☐ 不太会看电子表。

☐ 要是没有完整的表盘，就算不出时间。根本懒得去算。

☐ 会在自己居住的地方寻找"能独自呆着的空间"。

☐ 我有，而且我知道在哪里。不过别指望我会告诉你。

☐ 被窝周围摆满了日用品。

☐ 就算够不到也不会挪动身体去拿，宁可把手伸长一点。

☐ 还是勉强拿得到。

- [ ] 回首过去，一路走来既有"山峰"也有"低谷"，当然也有"河流"。

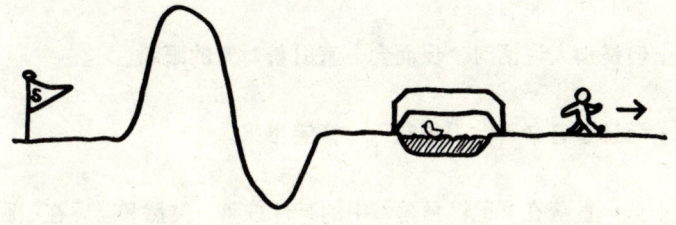

- [ ] 小时候大家都担心自己"好像会跟陌生人走掉"（关于这点我心里非常清楚）

- [ ] 小时候曾迷过路。

- [ ] 而且自己完全没觉得在迷路。

- [ ] 现在还是会迷路。

- [ ] 会买齐那些看起来差不多的同类东西，因为颜色或形状等有细微的差异。

- [ ] 会躲起来吃便当。

7 存储器・其他

- [ ] 要是有谁硬要把饭盒盖子掀起来,就会真的发火。

- [ ] 自己说话时不会注视对方的眼睛。

- [ ] 但是别人说话时,反而会一直盯着对方的眼睛。

- [ ] 而且看着看着会"噗嗤"一声笑出来。

- [ ] 当一直藏在"记忆角落"中的某件往事,突然和"现在"联系起来时,会一个人"哇"地感动起来。

- [ ] 但是这份感动却无人分享。

- [ ] 不能一点一点地存钱。

- [ ] 既然要存,就得以万为单位。

- [ ] 所以会把自己逼得太紧,很快就感到挫败而放弃。

- [ ] 一旦有想买的东西,就会走上一天去寻找。走到别人都不禁要问:"你到底走了几百公里啊?"不过再累也是值得的。

- [ ] 会把纸币的方向理成同一顺。

- [ ] 自己好像与这个世界的时势潮流格格不入。

- [ ] 不太关心国家和世界的形势，光自己的事情就够头疼的了。

- [ ] 耳塞式耳机还好，但头戴式耳机在外面不能把音量调大。

- [ ] 所以每次都因杂音干扰而听不到音乐。既然这样还戴耳机干嘛？

- [ ] 在交通高峰时段通过检票口时，经常遇到前面的人"卡住"的情况。

- [ ] 所以就会故意错开身体，表示"不是因为我哦"。

- [ ] 我才不想被人冤枉呢。

- [ ] 不知道为什么经常在路上与人相撞。

- [ ] 而且怎么也摆脱不了。
  "右""左""右""左""左""！"

7 存储器·其他

- [ ] 小时候只要一下雨,就会在路边积了水的地方行走。

- [ ] 有时候故意不回家,让雨水打上几个小时(会得感冒哦)。

- [ ] 可惜只感觉到凉意而已,没有理由跟学校请病假。

- [ ] 想看看自己站起来犯头晕时的样子。一定很好笑。

- [ ] 觉得鬼屋的可怕之处不在于"鬼怪的恐怖",关键会"吓人一跳"。

- [ ] 所以打死也不会去那种要自己走进去的"迷宫鬼屋"。

- [ ] 如果有黑猫想要从面前跑过,会想方设法不让它过去。最后就会变成斜步行走。即使只有一个人也这样做。

- [ ] 没想到猫被吓到而拼命从自己面前横穿逃走了。"气死我了!气死我了!嗯啊啊啊啊啊啊啊!"

- [ ] 这种事情已经发生过好几次了。

☐ 半夜醒来会想吃点东西。梦游症吗？

☐ 吃完之后若无其事地继续睡觉。

☐ 到了早晨，觉得胃消化不良。

☐ 没钱时会自己剪头发。

☐ 和别人一起走路时，会突然玩起捉迷藏来。

☐ 结果对方根本不甩自己，只得垂头丧气地结束。

☐ 通常计划还没开始，就已经结束了。

☐ 只要觉得某件东西"应该会修理"，就会自己动手修理。

☐ 因为找人修理很麻烦！还要站着等很久！这样一想就立刻自己动手了。

☐ 以前用毛笔写明信片时，写完会故意弄脏，因为这样看起来才算完美。

☐ 觉得送贺年卡太麻烦了。

☐ 就算要送，也只会在上面写一些应付场面的话。

☐ 如果家中办丧事，就会隔好几年不送贺年卡。

☐ 常常会有"只限于这种时候才会做"的情况。

☐ 在上小学时，手总是不老实。

☐ 总在课桌下做些什么。

☐ 因为对这门课一点兴趣也没有。

☐ 从这时开始，"自我"便扎扎实实地发展起来了。恭喜我吧！

☐ 手不老实的毛病曾被大人真的担心过，"不会是有什么病吧？"

☐ 东西买到之后总是手痒，"哗啦哗啦"一把撕开看看。

- [ ] 为芝华士的广告曲感动到想哭，那个旋律实在是太感人了。

- [ ] **自己想到的创意点子，却被别人抢先一步商业化。**
  "啊，这个！被人抢先了！"

- [ ] 话虽如此，仍没有将自己的创意变成现实的意思。

- [ ] 原则上虽然这么说，不过内心深处曾非常认真地想去实现它，所以觉得很不甘心。

- [ ] 不遵守泡面的时间，会找一大堆理由。
  比如觉得"别以为泡面这东西就能约束别人的时间"。

- [ ] 只要大概知道方向，就算不用地图也勉强可以到达目的地。
  方向感？方向就是"那边"。

- [ ] 不过，要是独自一人在陌生的地方散步就会迷路。
  "咦？我刚才是从哪里过来的？"

- [ ] 因为根本没看路，而是完全沉浸在自己的世界里。

7 存储器·其他

- [ ] 会有些不安。

- [ ] "不过没关系"，车到山前必有路，结果好就行了。

- [ ] 在孩提时代，"儿童社会"这一套行不通。

- [ ] 在长成大人的现在，也不认为"成人社会"这一套行得通。

- [ ] 无论在哪个年龄段，都不会拘泥于"人情世故"和"老规矩"。

- [ ] 在这之前，就对"人情世故"和"老规矩"感到疑惑不解。在哪里？是什么？哪个？你说这个？

- [ ] 竟然错过从以前就一直非常想看的电视节目。完全忘在脑后了。

- [ ] "这次不会错过了，哈"，虽然已经盯着电视看，但最终还是因为走神而错过。

- [ ] 经常会陷入恐惧状态。

- [ ] 不过无论多险恶，就算逞强也还是要去完成。

☐ 旅行时，不知道为什么一定会带上消磨时间的东西。

☐ 而且就算有别人带，也一定要带自己专用的，不想管别人借。

☐ 所以最后经常是借给别人。

☐ 过去和大家一起跳"北极熊舞"时，心里总念叨："不要碰我！不要碰我！"而且总觉得全身上下毛痒痒的。

☐ 所以在玩猜拳罚捏脸的游戏时，也会心想"不要碰我！不要碰我"。真的很想把对方的手打掉。

☐ 老是在私下拜托别人。

- [ ] 打电话的时候，会突然发现自己好像在捉弄对方。

- [ ] 喝茶时，会突然发现自己在边喝边玩。
  （会用吸管把餐巾纸戳破后插起来，做成一棵椰子树）

- [ ] 谈话的时候，会突然发现自己好像在调侃对方（在面试时就惨大了）。

- [ ] 而且还会把纸巾弄得破破烂烂，纸张也是这样。

- [ ] 会用脚拿东西。是为了让脚更灵活。

- [ ] 独自走在路上时，会感觉周围充满了可怕的气息。

- [ ] 对于世上那些"不成文的规矩"有所质疑。

- [ ] 而且，就是忍不住想去违反那些规定。

8 模拟实验　　这时的B型会如何

☐ 童话《奇幻森林历险记》

故事主角汉赛尔与葛丽特被父亲抛弃在森林里。如果这对兄妹是B型人的话：

→干脆不要回家，出去溜达算了。对了，那就顺便来一场旅行吧！

☐ 童话《北风与太阳》

谁能脱掉行人的大衣呢？如果其中一方是B型的话：

→算了，我不比了。无聊死了，我没兴趣，还是你自己慢慢玩吧！

☐ 童话《布莱梅的音乐家》

动物们齐心协力地吓跑强盗，获得了衣食无忧的生活。
如果动物们是B型的话：

→不行不行，B型可没有这种协调性。

□ 童话《哈默林的吹笛手》

替村民们平息鼠灾之后，村民们却没有兑现许诺的报酬，为了报复，吹笛手便把孩子们藏起来了。如果他是B型的话：

→……嗯，还是会这么做，而且要狠上三倍！这还用说吗？

□ 童话《金斧和银斧》

你丢的是金斧头？银斧头？还是普通斧头？如果樵夫是B型人的话：

→"你问得也太啰嗦了，只要是斧头就行了。对了，你是谁？住在哪里？你这样能呼吸吗？"

兴趣十足。

□ 童话《灰姑娘》

每天都被姐姐们使唤来使唤去，"辛德瑞拉，帮我梳下头"。如果辛德瑞拉是B型的话：

→ 不干！亲兄弟明算账，报酬必须给，一分不能少！还有，不要对我用命令的口气！

□ 民间故事《龟兔赛跑》

比比谁跑得快吧。如果兔子是 B 型的话：

→ 总之先跑到终点再说。不然没法好好睡觉了。

□ 童话《小红帽》

小红帽虽然被大灰狼吃掉，但最后还是被解救出来了。如果她是 B 型的话：

→ 绝对不会问那些大灰狼希望她问的问题。

"外婆，为什么你的眼睛这么大？"

"外婆，为什么你的耳朵这么长？"

"外婆，为什么你的脚……这么臭？"

□ 童话《大灰狼与七只小羊》

大灰狼到来时,小羊竟然不小心把家门打开了。糟了,必须赶紧找地方藏起来。如果其中一只小羊是B型的话:

→ 会认真地玩起捉迷藏,而且还乐得不得了。如果被抓到,到时再想办法好了。

办法总是有的。不过,它才抓不到我呢。

□ 民间故事《桃太郎》

桃太郎因为糯米团子而交到许多朋友,最后一同战斗。如果他是B型人的话:

→ 先把一个糯米团子切成三等份之后再分给同伴:"这是订金,剩下的要等事情办完之后再给哦。加油了!"

□ 民间故事《辉夜姬》

月宫派遣使者前来迎接辉夜姬,她和老爷爷、老奶奶告别时泣不成声。如果辉夜姬是B型人的话:

→ 就算回到月宫中,还是会想办法回来的。我就是要回来!

☐ 童话《白雪公主》

公主不小心吃下毒苹果而死去。如果她是 B 型人的话：

→ 谁要吃这种来路不明、莫名其妙的苹果啊！

我才不要吃别人送来的东西。

想吃的话我自己会去买，拿开啦！

☐ 民间故事《鹤的报恩》

白鹤来到人间并变成人以报答救命之恩。如果白鹤是 B 型的话：

→ 好啊好啊。如果他们是无偿帮助我的话，我一定会想办法报答他们的。

谢谢你们救了我。不过呢，我还是不想让你们看见我织布的样子。

8 模拟实验

9 计算方法   B型指数检测

所有的项目都检查完毕。

如果觉得这些说明还不够的话,不妨试着更深入地了解一下自己吧。

接下来我们就来检查一下自己的B型指数到底是多少吧!

不过,要细数有多少打勾的项目太麻烦了,大概算一下就好了。

请从下面的选项中选择一个吧!

A 全都打勾了。

B 每页大概有1、2个项目没有打勾。

C 每页大概有4、5个项目没有打勾。

D 几乎整页都没有打勾。

<结果>

A 标准的B型人。虽然似乎总给周遭的人带来不少麻烦,但自己却神气十足、压根儿不放在心上。(不仅不在乎,还很自得)

B 非常接近于所谓的"典型的 B 型人",不过却是讨人喜欢的人情派。

C 冷眼旁观现实情况的 B 型人,并不会只顾自己而忽略别人。不过,绝不会抛弃自我的信念。

D 乍看之下落落大方,但不过搞不好是最具 B 型特质的人啦。

大家辛苦了。不过呢,

这本说明书实际上还没有完全结束。

刚才的结果都是我胡扯的,所以还是赶快忘掉吧!

说起来,大家看到结果之后觉得怎么样呢?

接下来请从下面选择一项吧!

1 不满意。觉得这些结论都太武断了。

2 觉得有些不爽。虽然比较像,但自己又不愿承认。好像是这样又好像不是,越想越乱。

3 看到结果之后想了很多。好像有时候的确是这样啊,但有时又并非如此……

4 无所谓了啦! 随他们怎么说,懒得去想了。哎呀,烦死了!

<结果>

1 这是 B 型人。

2 这也是 B 型人。

3 这种情况还是B型人。

4 这些统统都是B型人。

总之,你哪懂什么B型指数啊!就是这样。

人也好,B型人也好,都是形形色色的。

自己觉得B型人是这样的,那你就是 "B型人"。这就够了。

这就足够了。

后记

☐ 走到这里已经逐渐看清自己,也渐渐了解自己了。

☐ 值得去爱的B型人。
　"就是这样的人。"

这本说明书并非完全说明了B型人。
也不是只有B型人才适用。
更别说因为自己是B型人,所以一定会这样。
人各有不同,所以我有我的,你有你的,他有他的,
每个人都有自己打造的"自我"。
这是世界上独一无二的"人"。
在独一无二的时间里,
汇集各种片段并组合而成的独一无二的东西。
所以,无论如何也不能把自己封锁在这样一个小小的世界里
如果有人能够帮上那些:
没法好好说明自己的B型人、
或是想要好好了解B型人的那些人一丁点小忙的话、
情况说不定会大为逆转呢。

附录一

2009年,"最潮血型说明书"high翻天

当今日本最红的血型书系列

2008年底,日本最权威的年度十大畅销书的排行赫然揭晓!

除外来巫师会念经,《哈利·波特》稳占排行榜第一外,此中最大的赢家,毫无疑问是由同一作者Jamais Jamais推出的,一套四本的"最潮血型说明书"系列!

《B型人说明书》荣登年度第三,接下来依次是《O型人说明书》和《A型人说明书》牢牢霸占四、五名,连当年11月才出版的《AB型人说明书》也位居第九。乍一看实在是抢眼。

在日本,血型书的风潮由来已久,由于日本人非常相信血型与性格和命运密切相关,书商们每年都会投入大精力来策划、出版成千本血型书。可是历年来,能闯入十大畅销书排行榜的寥寥无几,能全套闯入的更是前所未有!

这套书也创造了血型书的奇迹——席卷了2008年日本十大畅销书榜近半数席位。不仅如此,任天堂公司还根据这套书改编出一款与血型有关的游戏,名为"每个人的性格:A型、B型、AB型和O型",在日本很是走红。由5人组合Skelt 8 Bambino乐队为这款游戏录制的主题歌《我是B型,喜欢A型的你》(僕はB型～A型の君に恋してる～)广受年轻人欢迎,在街头也能时不时地听到这首歌的手机铃声。

结合销量和口碑,这套"日本最潮血型说明书"系列,已俨然成为日本最红的血型书系。

这套血型书不一般

一本起初只自费印刷了1000本、且作者默默无名的小书(到现在也没人知道其真名甚至性别),是怎样如一匹黑马般从数千血型书的汪洋中杀出的呢?仅是解析血型,就能成为它登上十大畅销榜、并且狂销560万册的理由么?

并非如此。这套血型书,有着相当的独到之处。

首先,它们异常犀利,简直就是将各个血型人的性格一一放在手术台上解剖般深入详尽;并一扫人们心目中固有的成见,揭露出各个血型真正的、不为人知的一面。

其次(这也是最重要的!),它们并非传统的干巴巴理论分析,而是实在又简单的"使用说明"!

正如所有商品都会附送一本说明书,以《B型人说明书》为例,它正是一本为想了解自己的B型人,以及非B型人却想知道B型人真面目的人写的"B型人使用说明"。本书将B型人视为一种生物机器,详尽解析其个人基本操作、与他人的外部接触、兴趣、特长等各种设定,工作、学习、恋爱等程序设计,自我崩溃时的故障,日常记忆的内存,以及最后B型血性格的自我检测等,数百条说明选项,一目了然。

所有的商品都有说明书,人也应该有。对血型的说明书,最为方便他人使用。

认同感很重要

"哇,这简直就是我嘛!"读这本书时,如果你是B型人,一定会忍不住发出这样的惊呼。

强烈的认同感,是以《B型人说明书》为首的这套书热销的又一个原因。

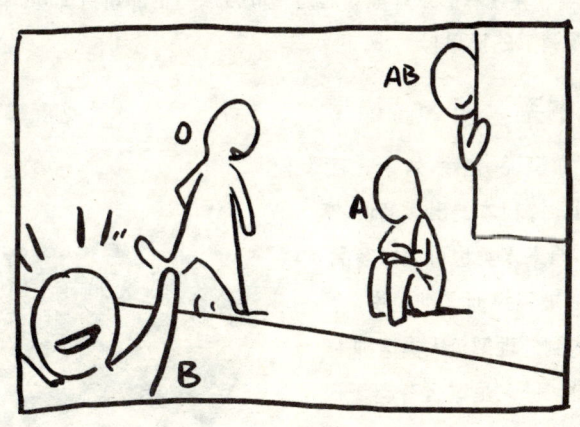

当老师说"不要跨越这条线"之后,各血型学生的反应。

作者Jamais Jamais,本身并非职业作家,而是一位建筑设计师。这本书的写作,也并非为了出名赚钱,而只是为了自娱自乐、馈赠亲友。所以,这套书在一开始,就只自费印刷了1000册。

然而,无心插柳柳成荫。当山形县的一位B型血的女售货员阅读后,对本书产生了强烈的共鸣,立即订购了5本。很快,这5本书卖光光了。而人们一传十十传百,很多B型人和想了解B型人的非B型人都冲来购买。

嗅觉灵敏的大出版社闻风而动,迅速联系到作者,对这本书一版再版。连东京最大最出名的三省堂书店也放下架子,来引进这本作者默默无闻、一开始更是自费印刷的小书。一时间,整个日本都在讨论《B型人说明书》,掀起了血型话题的新热点!

有了公信力和说服力的作者,再接再厉地写出了《A型人说明书》、《AB型人说明书》和《O型人说明书》,这一个系列的4本小书到2009年3月已累计热销超过560万册,全部跻身2008年日本十大畅销书的榜单!

跟风书系

"血型说明书系列"一炮而红!

此时,日本的出版商们才发现,原来人类也可以像商品一样,被系统而详细地说明。而从内到外地解析人类这种生物机器,原来是这么有趣。于是,日本书市上顿时引发了"说明书"热,并且衍生出一大

跟风的《各血型女性说明书》系列

批跟风之作。

包括《青春期说明书》、《独生子女使用说明书》、《女性血型使用说明书》、《妹妹说明书》、《爱猫人说明书》、《爱狗人说明书》……这些书都创造出了不凡的销售业绩,不能不说,这多半是"说明书"这一形式的功劳。

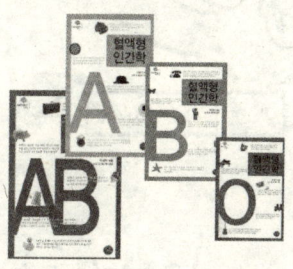

韩国也跟风!
正热卖的一套四本血型说明书。

而《B型人说明书》,又当之无愧是这一系列的开山鼻祖。或许未来在中国,我们也会看见形形色色的说明书,而我们自己或许也会有兴趣亲自动手,来写一本关于自己的说明书。

附录二

Jamais Jamais

——幕后拯救 B 型人

难以想象的"血型迷信"

在日本,无论是征婚征友还是找工作,人们常会听到一句问话:"你什么型?"

这个"型"可不是造型,也不是性格,而是——血型。

没错,在日本,有着不可思议的血型迷信。根据立命馆大学心理学系的国民调查报告,有 80% 的日本成年人相信血型能决定一切。美联社评论:在日本,血型甚至可以决定一个人的命运。

为此,婚介公司向征婚人提供血型匹配度测试;一些企业依照血型录用员工、安排岗位;幼稚园把小朋友按血型分组看管;就连在北京奥运会上夺得女子棒球冠军的日本队也依照队员血型制定不同的训练方案。而日本的出版物中，血型书占据了相当的大头，每年都有成千本出版、发行。

这种血型迷信风潮不仅影响着人们的日常交往、就业，连在政党竞选、商业招标等重大活动中，候选人也要先标明自己的血型。现任日本首相麻生太郎，就通过在个人官网上标注自己是A型血，而打败了身为B型血人的政治对手小泽一郎。

真可谓是个全民迷信血型的社会！

惨遭歧视的 B 型

"拜托您，在介绍对象的时候无论如何也不要B型人。"2008年之前的日本婚姻介绍所，时常可以看到女子双手合十、作出这样的拜托。公司的HR，甚至很多时候一看到应聘者的资料上标注"B型"，就直接扔到垃圾篓。而前首相安倍晋三"不负责任地辞职"，也被杂志评论为其B型血性格作祟。《东京新闻》还刻意比较过战后历任首相的血型与任职时间长短，结果B型血人数最少（2个），并且执政时间最短！

根深蒂固的血型迷信底下，是根深蒂固的偏见。

"A型人循规蹈矩、尊重上级；O型人乐观进取、有创造力；AB型人虽说有点摸不透，好歹还有A型人严谨的一面。可是B型嘛……"

"没有责任心、自私自利、自大狂、从不参与集体协作！"

这是人们心中的普遍观念（你有没有觉得耳熟呢？），好像条件反射似的，

大众在接触到一个B型人的时候，尚未探索他的内心和真实态度，就已经先给对方打了低分。尽管在日本的血型分布中，B型人排名第三；但在不受人待见的程度上，却毫无疑问排名第一。

可是，B型人真的有这么恶劣么？

B型人真的是这样吗？大翻身！

这一切"傲慢与偏见"的状况，终止于2008年！

因为一位神秘人物Jamais Jamais横空出世！

Jamais Jamais出生于东京，从事的是创意性的工作——建筑设计（这位神秘人物的性别、年龄和真名至今仍是个谜）。身为B型人的Jamais Jamais，深感血型歧视的不公平，加上身边又有一帮深具个性、才华横溢的B型朋友。有着敏锐观察力和超强感受力的他（她），发现B型人真正的共性并非像以往血型书上写的那么散漫和恶劣，并深感只要了解B型的特点，是可以让其人尽其才甚至发挥其天赋的。

那么，为什么B型人一直遭人误解？

内心其实很丰富、深具同情心的B型人，偏偏不擅长表达自己。误会就这样延续下去了。

出于对血型歧视的小小反抗，Jamais Jamais将他（她）所认识的B型人的共性记录下来，集合成一本形式奇特的小书：《B型人说明书》，并自费出版了1000本。

没想到，山形县一位B型血的女售货员阅读后，深有同感，立即订购了5本。很快，这5本卖光光了，而人们一传十十传百，很多B型人和想了解B型人的非B型人都冲来购买。直到这本书一版再版、狂销560万册……

"真是冤枉你们啦，没想到你们还挺可爱的。"非B型血的人，这么对B型血的人说。

而很多B型人振臂欢呼："我们翻身啦！"

这是一本真正具有里程碑意义的开山之作。因为它让整个日本社会的观感为之改变，无论恋爱也好，求职也好，其他血型的人开始愿意给B型人机会。也许疑惑和动摇仍然存在，但随着时间的流逝，B型血也好、B型人也好，相信都会得到社会公允的对待。

这样，也不负作者的一番苦心了！

考试前一天，各血型人是这样聚在一起复习的。

附录三

有趣！你所不知道的血型常识

什么是血型

血型是对血液分类的方法。

全世界的人类中，一共存在着三十多种血型。但占据绝大部分的，是 ABO 血型系统。

ABO 血型系统，也是人类最早认识的血型系统。1900 年，奥地利维也纳大学病理研究所的卡尔·兰德施泰纳发现，健康人的血清对不同人类个体的红细胞有凝聚作用。如果把取自不同人的血清和红细胞成对混合，可以分为 A、B、C（后改称 O）三个组。后来，他的学生 Decastello 和 Sturli 又发现了第四组，即 AB 组。

这样，我们就有了四种最基本的血型：A 型、B 型、O 型和 AB 型。

血型的出现历史顺序

O型血是一种古老的血型；A型血是第二常见的血型；与O型和A型相比，B型是人类学上较晚出现的血型，这类人是最早习惯于气候和其他变迁的游牧民族，也叫做游牧血型。AB型为最晚出现、最稀少的血型，占总人口不到5%。

世界的血型分布

如果将全世界看做一个大村落，那么，O型血占58%的人口，A型血为24%，B型血为13%，AB型则不到5%。

但不同种族、地区的人的血型分布也不一样。哪怕是同一种族中，不同的族群也会有差别。

欧洲社会至今仍然是A型+O型社会，并且O型的比例要高一些。

在亚洲，B型是最典型的血型，但并不是说亚洲人中B型最多，而是亚洲的B型比例在世界范围内是最高的。几个B型比例最高的国家全部出自亚洲，如印度、蒙古。

在日本，A型血最多，紧接着是O型血，然后是B型，最后是AB型。

根据《人类血型遗传学》中的调查，中国内地各民族ABO血型比率是A型占27.9%，B型占29.2%，O型占34.4%，AB型占8.5%。看，B型的比例也是相当高哦！

中国的血型分布

汉族原来也是A型血比例最高的民族。但由于以B型血为主的北方游牧民族入侵所造成的混血，使华北沿长城一带的B型血比例很高。蒙古族、满族的B型血比例都相当高，达到40%。

A型血比例最高的地区，是上海、湖南、江西和四川。

广东、广西、福建和海南人以及大部分南方少数民族O型比例最高，占总人口40%以上。

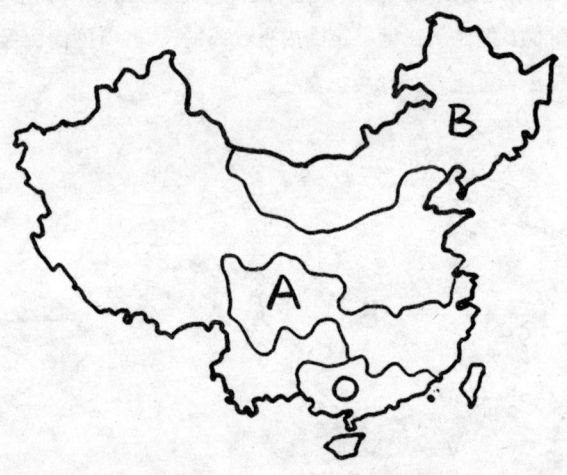

中国A、B、O型分布最多的地区

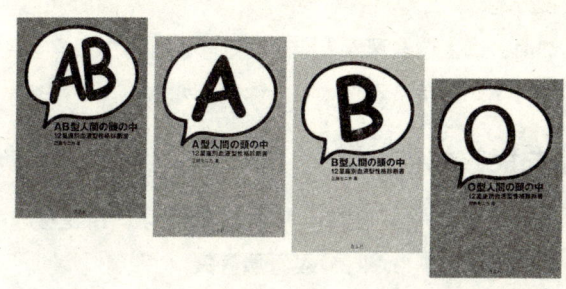

跟风书系之《各血型人与十二星座》

血型与性格

从血型发现伊始，人们便逐渐发现，同一血型的人，性格上也有着若干相同之处。那么，血型是否真的影响、甚至决定了性格？

最早提出"血型性格说"的，是日本学者古川竹二。1927年，古川作出"人因血型不同，而具有各自不同的气质；同一血型，具有共同的气质"的论断。他认为，A型内向保守、多疑焦虑、富感情、缺乏果断性、容易灰心丧气；B型外向积极、善交际、感觉灵敏、轻诺言、好管闲事；O型胆大、好胜、喜欢指挥别人、自信、意志坚强、积极进取；AB型的人兼有A型和B型的特征。

现在，有关血型和性格的关联研究已经持续了近80年，尤其是在日本和韩国，"血型性格论"已深入人心，从谈恋爱到找工作，大家都会先拿出血型进行衡量。

20多年前，"血型性格"学说一度传入中国，并且以汹涌之态给国人留下了相当深的心理烙印。直到现在，大家还普遍觉得A型人最较真，B型人很散漫，O型人具有领导力，AB型人性格比较分裂。

然而,以上这些深入人心的固定学说是对的么?

这可不一定哦,看看本书,你就会知道!

血型与民族特征

美国O型占46%,A型占40%。美国人崇尚自我意志、竞争和性格坦率等等,多与这种O型气质有关。

日本和德国都是A型为主的国家。如果A型掌握主导权,那么即使在同样的A型+O型的社会中,也会表现为强烈的集团归属感、重视原则、抑制个性、尊重规律、富于牺牲精神和坚持不懈等A型品质。欧美以A型居多的国家是德国,A型占45%,O型占41%的德国人,其踏实、精细和周密的国民性与日本人的确非常相近。

亚洲的特征是B型为主。印度、中亚、蒙古、中国北部、东北部和北朝鲜等,B型均占30%～40%,有的地方甚至超过50%。相对于重视逻辑、言行规范的西方文化,亚洲的思想更加空灵和飘逸。

以印度为发源地、散布于世界各地的吉普赛人是B型民族,正如从吉普赛人和蒙古民族身上所看到的,B型民族活动范围广大,喜欢四处漂泊迁徙,这同强调安定的A型+O型民族恰成鲜明对照。之所以没有单一的B型国家或B型+O型国家,可能就是因为B型天性善于四处闯荡,并一视同仁地和其他种族混血。B型为主体的民族善于创造新的文明,却不善于发展这些文明。

血型真的影响性格吗?

但血型影响性格的说法,在血型的发现地——西方却鲜有人捧场。血型源于先天遗传,如果能决定性格,则说明性格是由遗传决定。但西方的心理学调查报告显示,人的性格只有30%~40%与遗传有关,其余60%~70%来源于后天的学习、环境等影响。也就是说,性格更多由后天因素决定。

因此,"血型性格论"未能在西方流行起来。迄今为止,大多西方人对自己的血型并不关心,除非是出于医疗上的需要。

即使在血型迷信成风的日本,立命馆大学的一位心理学副教授也指出:"这是一种迷信。把血型与性格联系在一起,不仅不科学,而且是错误的。"

问题就来啦!

那么,我们究竟要不要相信血型呢?

其实,压根儿不用想那么多。知道自己是B型人,知道B型有哪些可爱的地方和哪些讨人厌的地方,更重要的是,通过一一打勾,你能更加了解你自己,也更能向别人介绍你自己。这就够啦!

附录四

B 型名人大印证

反其道而行之的"叛逆者" ——麦当娜

"别人指左,一定向右,这是基本常识。"
"被别人称作怪人,会莫名其妙地开心。"

——《B 型人说明书》

这是 B 型血人的特征,经常反其道而行之。对于社会现存的秩序,他们感性地、本能地反问:"为什么非要这样做?"

麦当娜，这位B型血型的代表人物，时常离经叛道、打破常规，是世人难以理解的角色。麦当娜的反叛没有极限，似乎是为了反叛而反叛。

但是，"大胆（甚至到了鲁莽的地步）"的B型人，同时还具备"超强的集中力"和艺术灵感。因此，她在所涉及的领域都成为至高无上的统领，尤其是精明的经商术和创业才能。像《福布斯》这样男性资本家占据的领地也将她列为"美国最精明的商界女杰"，并称她有着"满脑坏水和生意奇思"。

麦当娜的形象几乎出现于各种杂志封面，只差《基督科学箴言》，她的成功使她成为最瞩目也是最有争议的演艺神才。

不求票房只求文艺——凯特·温丝莱特与莱昂纳多·迪卡普里奥

"想和艺术家一样狂热执著。"

"那些比自己更早历练人生的前辈提出建议时，会觉得头疼——每个人走的路都不一样，而且我知道该怎么做决定。"

——《B型人说明书》

10年前,《泰坦尼克号》风靡全球,赚足了观众的眼泪。而帅气、美丽的男女主角,则飙升为"世界偶像"。如果吃青春饭、拍偶像电影,这是十分顺理成章和趁热打铁的事。然而,谁让这两位角儿偏偏是特立独行的B型人呢?

莱昂纳多在接下来的电影中,有意让自己变残、变胖,胡子拉茬,试图打破"偶像"限制;而凯特则尝试着不同种类、没有高票房的小电影。这两位还有一个共同的特色:只选择自己喜欢的、文艺气质重的。怎么样?够B型吧!

不过,B型人认定的目标一旦走下去,结果也是相当不错哦。2009年奥斯卡揭晓,获得过六次提名的凯特终于封后,下一个,应该轮到"坏小子"莱昂纳多了吧!

我行我素的明星夫妻 ——布拉德·皮特与安吉丽娜·朱莉

"最讨厌反对意见。"

"原则上还是认为自己才是硬道理。"

"若是遇到命中注定般的事物,无论如何都要弄到手。"

——《B型人说明书》

当布拉德·皮特和安吉丽娜·朱莉一出现在人们眼前时，身上的气场便强烈地昭示出这几句话。以性感、大胆闻名的朱莉，有着B型人典型的我行我素、不受拘束做派，从恋爱到结婚、从产子到拍片，每个动作都能成为社会的焦点。尤其是从"美国甜心"珍妮弗·安妮斯顿手中将皮特抢过来，更体现出B型人想要得到自己热爱事物时的任性一面。

有意思的是，B型人之间总是相互吸引。如前面提到的凯特和莱昂纳多，成为极其投契的多年知己；而皮特和朱莉婚后，也表现出性格中不羁和我行我素的一面来。

性格果断的设计师——皮尔·卡丹

"对某件事一旦动心，就会马上行动。"

"此时的行动力十分惊人。"

——《B型人说明书》

极其著名的服装设计师皮尔·卡丹就是这样成功的！身为B型人的他，28岁时只不过是法国巴黎一家简陋裁缝铺的小裁缝。一天从巴黎大学门前经过时，一位初出校门的窈窕佳人令他惊艳——别误会，卡丹心里想的是，"如果她穿上自己设计的服装，一定能更加夺目。"

于是,他跟踪那位女郎好几条街,几乎被对方当做流氓!幸好,误会澄清后,女郎爽朗地答应了他的请求,并找来二十几位美女同学一起当模特儿。皮尔·卡丹就是这样一炮打响的!

成功后,皮尔·卡丹总结经验,说自己个性中的"当机立断、迅速决定"是他之所以取得成功的重要本钱!

善打江山却不善坐江山——成吉思汗

"认为世界上没什么事是我做不到的吧。"

"大胆,甚至到了鲁莽的程度。"

"一旦下定决心,就不再有第二个选择。"

——《B型人说明书》

加上集中力和爆发力超强,导致成吉思汗率领他的部族攻下中原,子孙后代更建立元朝。是的,成吉思汗的时代并没有血型检验,但蒙古、突厥等"游牧民族带"几乎全部是B型血人!由这一点判断,身为一代天骄的成吉思汗,也应该是B型人了。

但,B型人的致命弱点是:"会朝着目标埋头直冲,一旦达到便敷衍了事。"这也成为B型血为主的族群的尴尬之处:他们善于创造时代,却不善于守护时代。因此,元朝成为一个寿命极短的朝代,远远比不上O+A为主的汉人朝代。

永恒的漂泊者——三毛

"为了寻找属于自己的地方而四处漂泊。"

"无奈总是找不到自己的安身之所。"

"会去做那些被认为'难以做到'、'不可能'、'想做却下不了决心'的事。"

——《B型人说明书》

"为什么流浪,流浪远方,流浪……"没有人不会哼这首歌吧?!由三毛作词的《橄榄树》,刻画出一个"漂泊者"的形象。而曾经风靡港台内地的女作家三毛,正是这样的漂泊者。而她曾多次在自己的文中提到,自己是一个B型血人。

幼年时代就开始逃学,因为B型人会在"毫无目的且不受时间约束地游荡时,感到很幸福"。长大后开始周游世界,并嫁给大胡子荷西,两人居住在撒哈拉,从此有了一系列的"沙漠流浪记"。

从撒哈拉回台湾探亲的路上,却突然考虑在克什米尔下机游玩;认为物质不重要,最不能割舍的是心灵的自由;随便在某个地方跳上公交车,就可以开始一段流浪之旅。这样的三毛,简直是B型人"漂泊性强"的最佳写照!

其他 B 型名人

政治界

　　田中角荣——日本前首相

　　安倍晋三——日本前首相

　　密特朗——法国前总统

演艺界

　　王菲——中国的流行乐坛天后

　　姜文——中国影帝

　　黑泽明——日本著名导演，获得美国电影学院终身成就奖

　　高仓健——日本著名电影演员

　　保罗·麦卡特尼——"披头士"乐队主唱

　　凯瑟琳·泽塔琼斯——最美艳的"佐罗"女郎

　　杰克·尼科尔森——称为"奥斯卡之王"的美国老牌影星

商界

　　堤义明——日本前世界首富

学术界

　　田中耕———日本2002年度诺贝尔化学奖得主

　　能见正比古——日本血型能见学说创始人

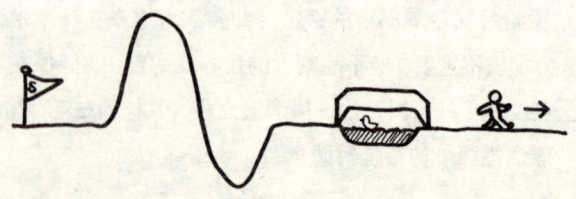

他们也可能是 B 型人

达·芬奇——他对艺术有着超强的直感和把握力,并且狂放不羁。

埃及艳后克里奥帕特拉——比起爱情,更爱恋爱的感觉,不能容忍没有恋爱!

大仲马——有点懒惰、天性就是乐观,热爱探险故事,而且将成名当作主要目标。

徐霞客——光凭"行万里路"这个与众不同的志向就可以猜到啦!

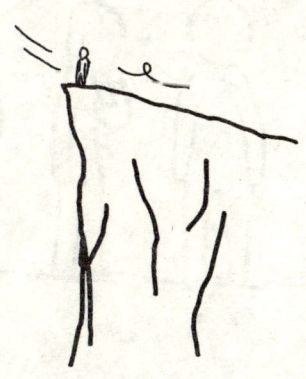

　　李白——敢于让贵妃磨墨、天子调羹，直到老都十分孩子气，而且毫无道理地乐观。

　　朱厚照（明武宗）——作为一名皇帝，经常溜出宫玩耍，并且封自己为大将军、匿名上阵大败外侵者，讨厌被拘束却又平易近人、心地善良。实在是太典型的 B 型了！

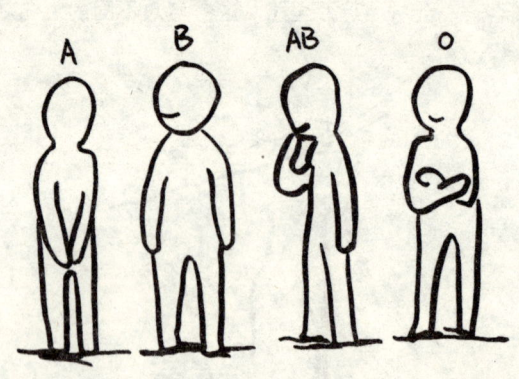

当各血型人处于人群中时……

图书在版编目（CIP）数据

B型人说明书／（日）雅梅雅梅著绘；刘薇译．
—海口：南海出版公司，2008.12
（最潮血型说明书：2）
ISBN 978-7-5442-3385-9

Ⅰ.B… Ⅱ.①雅… ②刘… Ⅲ.血型－关系－性格 Ⅳ.B848.6
中国版本图书馆CIP数据核字（2008）第205897号
版权合同登记证号：30-2008-276

最潮血型说明书 系列

项目创意／设计制作／紫图图书 ZITO

B XINGREN SHUOMINGSHU
B 型 人 说 明 书

著　　绘	[日] 雅梅雅梅（Jamais Jamais）
翻　　译	刘薇
责任编辑	黄利
封面设计	紫图装帧
出版发行	南海出版公司　电话（0898）66568511
社　　址	海南省海口市海秀中路51号星华大厦五楼　邮编570206
电子信箱	nanhaicbgs@yahoo.com.cn
经　　销	南海出版公司　电话（0898）66568511
印　　刷	北京盛兰兄弟印刷装订有限公司
开　　本	787毫米×1092毫米　1/32
印　　张	9
字　　数	50千
版　　次	2009年4月第1版　2009年4月第1次印刷
书　　号	ISBN 978-7-5442-3385-9

南海版图书　版权所有　盗版必究

"O型人粗枝大叶、是个冒失鬼？"

喊～才不是这样！

对于未来

O型人可是深思熟虑得很！

不是风筝

等待好风、平步青云

但会抓紧长长的绳梯

一步一步

离目标越来越近

这本说明书

能教身为O型人的你

或者非O型却想了解O型人的你

掌控O型人的使用方法

从未有人总结过

是你所不知道的、O型人真正的一面

以商品说明的方式一一列举

有点儿骇异

有点儿爆笑

包你对心目中的O型人

来个

大、改、观！

Jamais Jamais

[日] 雅梅雅梅 / 著绘

钱海澎 / 译

O型人说明书

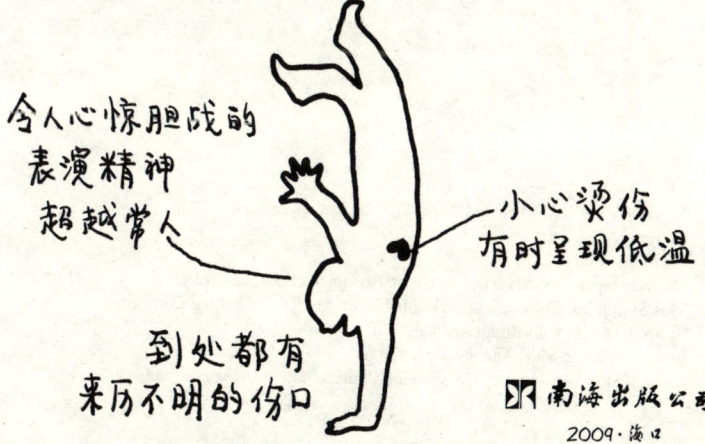

令人心惊胆战的表演精神超越常人

小心烫伤 有时呈现低温

到处都有来历不明的伤口

南海出版公司
2009·海口

"O-GATA JIBUN NO SETSUMEISHO" by Jamais Jamais
Copyright © Jamais Jamais 2008.
All rights reserved.
Original Japanese edition published by Bungeisha Co., Ltd., Tokyo.
This Simplified Chinese edition published by Nanhai Publishing Company
by arrangement with Bungeisha Co., Ltd., Tokyo
in care of Tuttle-Mori Agency, Inc., Tokyo
through Shin Won Agency Co., Beijing Representative Office, Beijing.

前言

你好,或者应该说,初次见面。
我是 Jamais Jamais。
曾经写过一本
《B 型人说明书》,
意外地获得了很大反响。
真是很意外。
多谢大家。
有些读者要求"写一些关于其他血型的书"。
我一直对血型怀着浓厚的兴趣,
于是在观察周围的人获得宝贵经验后,
又写了《A 型人说明书》和《AB 型人说明书》。
这一次,
凭借以往的经验和各位 O 型朋友的帮助,
顺利完成了这本属于 O 型人的说明书。
谢谢你们的支持!

闲话少说,我们马上动手吧!

目 录

前言 5

1 本书使用方法 8

2 基本操作 —————— 自己/行为 11

3 外部连接 —————— 他人 35

4 各种设置 —————— 倾向/兴趣/特长 64

5 程序 —————————— 工作/学习/恋爱 80

6 遇到问题·故障时 —— 自我崩溃 91

7 存储器·其他 ———— 记忆/日常 97

8 模拟实验 —————— 这时的 O 型会如何 111

9 计算方法 —————— O 型指数检测 119

后记 121

O型人说明书

1 本书使用方法

这是一本为想了解自己的O型人,和好奇O型人真实底细的非O型人准备的O型人说明书。

仅仅用"情绪高涨"、"大大咧咧"来形容O型人,也似乎太笼统了点儿。

哪怕是初次见面,也能从对方身上猛一下子抓住这种O型特质。"咻~"像是有什么看不见的东西贯胸而过。

不过,O型人可不是做什么事都单纯,也并非总那么冒失。

他们呐,也有酷的时候,也有深思熟虑的时候。

然而,由于O型人比其他血型的人"逞强"得多,所以绝不会流露出脆弱和狼狈的一面。

再说,O型人最善于替他人着想。无论自己是否做得到,也要想方设法让对方高兴,这样一来,倒搞得自己的事情常常推迟。

这么说吧,通常我们理解的O型人,都是他们的外在表象。那么,O型人的内心世界究竟是怎样的呢?

搞不好与外在印象完全相反,或者压根儿就是另外一个人。

举一个例子：

表面上"O型人总是很开朗，没有烦恼"。

不对，不对！

实际上"O型人非常容易受伤"。

为什么会产生这样的矛盾呢？

这是因为，他们不能把自己身上最重要的特质传达给别人。

即便认真地讲述内心的痛苦，也总是轻描淡写，表现得很无所谓。其实，O型人渴望被关注，却又不想把事态表现得太严重。所以呢，明明心都纠结成一团了，却还不能让别人知道。误解就这样产生啦。

这样被一直误解下去的情况已经数不胜数。

"你是个什么样的人呢？"

为了能清楚地表达出"我是这样的人"。

首先就要从自我分析开始。

完成本书之前的步骤

1. 翻开本书之前，一定要不断告诉自己"我拥有O型特质"。否则的话，会很较真地抱怨："什么嘛，这一点不准！"
2. 绝对不可以一个人在公众场合看，否则会觉得丢脸。
   原因嘛，读的时候就知道了。

3. 先读读看,不要用理性来武装自己。
4. 在与自己相符的选项前画勾,就可以完成说明书了。
5. 重点项用记号笔画勾。
6. 然后,试着拉近和某人的距离吧。
7. 鼓励自己"向他介绍自己"。
8. 然后一起读说明书。也可以预先熟记内容后直接在口头上实践。
9. 这样就能和对方建立友情,当然也可能会吵架,关系告一段落。
10. 充分应用后,下一次,就可以尝试用自己的语言制作个人说明书了!

2 基本操作

自己 / 行为

"我""O型""某人"

☐ 管他血型还是人，就是喜欢O型！

☐ 而且，对于自己是O型可是相当满意！

☐ 如果说"我是O型"，别人会回应"啊，的确很像"。
绝不会说："噢？竟然是O型？真是没想到！"

☐ 难以置信，居然就这样被别人相信了。

☐ 认为自己是比别人更复杂的人。

☐ 并且事实上，自己的确也有不为人知的百变面孔。

- [ ] 究竟是"大方",还是"粗心"呢?
  因为大方,才不会介意小事。
  因为粗心,又会对小事嫌烦。

- [ ] **可是,总是有着那么点儿"粗心"。**

- [ ] 其实无论是哪种,结论都一样:对小事无所谓。

- [ ] 明明如此,对古怪的事却有着非同寻常的细致和关注。
  所以,虽然别人说:"那种事无所谓吧?"
  心里却想:"切!也就你才兴趣缺缺。我可是准备捋袖子大干一场!怎么样,要不要一起来?"

- [ ] 乍到某地,会很鲁莽地挑战"不看地图"。

- [ ] 果然,不出所料地迷路了。

- [ ] 即便如此,还是继续鲁莽地挑战"不问路"。喂,问一问就有答案了嘛!

- [ ] 不过,绕来绕去竟然到了!

- [ ] 对自己很满意地说:"嘿,简直像在冒险,太刺激了!"

☐ 是个老好人，再非分的要求也没法说"不"。

☐ 心里明明想着:"烦死了烦死了烦死了,他干嘛不自己做啊!"

☐ 可是，经不起几句吹捧就缴械投降。

☐ 结果把自己累趴下。

☐ 对方一感激涕零，又立马鼓足干劲:"嗯, 我要继续努力!"

☐ 毕竟对方很高兴嘛!

☐ 老实说，也不讨厌这样的自己。

☐ 不进行自我剖析。偷偷说，其实是不会……

☐ 虽然非常自恋，其实一点儿也不了解自己。

☐ 思考"我是个什么样的人"时，不知不觉就岔到"这个家伙如何如何，那个人又怎样怎样……"

☐ "总把别人的事情看得很清楚……"

☐ 所以，可谓是"他人情报专家"。
"嘿嘿，那家伙的秘密我可了若指掌。"

2 基本操作

☐ 聊天时的"动作指导大师"。

☐ 说话时手舞足蹈,动作夸张得要命。

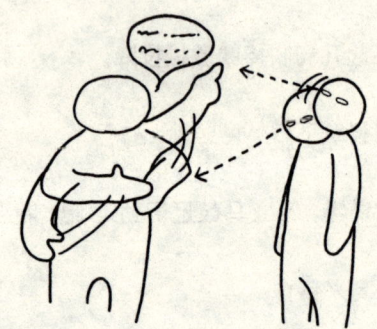

☐ 不是刻意要这样做,人家天生就是如此。

☐ 容易碰撞到东西。

☐ 身上到处是不知来由的伤痕。

☐ 一按就疼。

☐ 但,还是故意按下去。哟~~

☐ 不知不觉还多了莫名其妙的刀伤。

☐ 开始有点儿怕怕的。

☐ 有目标的时候,会拼了老命攒钱。

☐ 一旦没有目标,就会囊中如洗,这情形太常见啦!

☐ 手头没有闲钱算什么?车到山前必有路!

☐ 虽然没凭没据的,却非常有信心。

☐ 在外头是个无所不能的人。

☐ 可一回到家,就成了"废柴一根"。

☐ 失落的时候,整个人就阴郁起来,潮乎乎的简直可以养出蘑菇。

☐ "这样下去岂不是完蛋了?啊……不可以!我要疯了~~~"

☐ 不过,晚上照样睡得死沉死沉。

2 基本操作

☐ **日常对话中有50%是拟声词。**
"先是咔嚓一声,然后轰隆一下,结果就咚咚地了……"

☐ 连形容物体也用拟声词,比如"那个'劈里啪啦'的东西"。

☐ 反正别人能听懂(因为已经用了N次)。

☐ 刚想到要做啥,就马上一跃而起。"啊,不做不行!"

☐ 一边做着东,一边走神到西。"接下来试试那个?"

☐ 正因如此,才失败连连。

☐ 不过一点儿也不后悔,反正后悔也无济于事。

☐ 反省嘛,也算了,因为一眨眼就忘了。

☐ 所以,总是乐此不疲地掉进同一个坑。
"哇,这种感觉似曾相识,以前好像在哪里……"

2 基本操作

- [ ] 稀里糊涂地忘记了绝对不该忘记的事,结果出门后"啊!"地惨叫一声。这种事,一年总得发生个两三次。

- [ ] 损失惨重啊~~~
  搞得一整天都很郁闷。
  "哗啦啦,锵!今儿个真不爽。"

- [ ] 别人说东,就起劲儿地聊东。
  别人说西,就起劲儿地聊西。
  比人家说得还热闹还详细。

- [ ] 情绪起伏非常激烈。

- [ ] 情绪高涨的时候,处理事情像特快专列。
  谁也搭乘不上去,已经刹不住闸了。

- [ ] 情绪低落的时候,像闲置了二十年的老爷车。
  无人敢乘坐,整个车厢都阴森森的。

☐ 基本上本性非常开朗。

☐ 乍看之下，似乎被人一戴高帽就得意忘形，其实才不会让人轻易"触及"要害。连看见都别想！

☐ 不愿相信私底下的自己是根废柴。
"胡扯，绝对不是这样！"

☐ 巴不得分分钟都是他人的关注焦点，讨厌制造尴尬气氛的人。
"这种气氛真受不了，拜托你们别再闷不吭声了！"

☐ 说话时声音超大。确切地说，穿透力无敌。

☐ 即使在吵翻天的店里，也可以一嗓子叫来店员。
"麻烦您！""是，马上就到！"

☐ 绞尽脑汁，考虑怎样在上班时"摸鱼"。

☐ 就算偷工减料，最终还是顺利过关。
"耶，太完美了！我太有才了！"

☐ 在与常规背道而驰的方向，有着异于常人的才华。

☐ 在自己所属的团队中，尽可能当 NO.1。

☐ 要是上头已经有人了，就会很识时务地做小伏低。

☐ 而且诚恳地认为，对手真的是"好厉害"。

☐ 不过，必须是自己认可的对手。否则，即便是上司，也会表面上俯首帖耳，暗地里却操纵全局。嘿嘿！

☐ 手头上一有点钱就会赶快花个精光。

☐ 不知不觉，钱包空空如也。
　 只剩下一堆杂七杂八的发票。
　 还被揉成一坨。

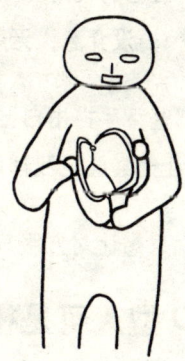

☐ 结论就是：钱包里比垃圾桶还乱。

☐ 其实，心地非常之柔软。

☐ 一看电视剧和电影，就哭得一塌糊涂。

☐ 对"感人肺腑的动物故事"和"催人泪下的卡通剧"尤其缺乏抵抗力。

☐ 但对于怪异的事却很冷静。会在根本不该发笑的地方爆笑。
"哈哈！……那个人居然死了！"

☐ 尴尬的是，众目睽睽下就只有自个儿在笑。

☐ 受不了别人的指责，那会很郁闷。

☐ 但绝不让人察觉到自己的失落。
"没什么，我完全……没介意，无所谓啦。"

☐ 总有一天，会向那些下手打击自己的人还以颜色。
"这个混蛋，我要让他尝尝比我郁闷3倍的滋味！"

☐ 不是真的下手啦，只想让对方服气说："算你狠！"

☐ 说实在的，O型人可是相当要强。

☐ 就算猜拳输了，也会有点儿烦躁。

- [ ] 但绝不气馁。

- [ ] 别人都以为快撑不下去了,结果一用力又站起来。

- [ ] 对压力的宣泄方式是碎碎念。
  "啊啊啊我受够了,真吃不消,我不想干了啦!"

- [ ] 说归说,才不会真的放弃。

- [ ] 偶尔会做些让人意想不到的蠢事。

- [ ] 所以,汇集成了传说中的《呆瓜逸事集》。
  "从公文包中拿出了电视遥控器。"(咦?这么大的手机!)
  "提前或者延迟一天去集合地点。"(情绪高涨→因为没人来而感到不安)
  "因为算错了学分,不得不补考或留级。"(不能唱毕业歌了)

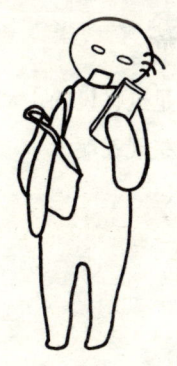

2 基本操作

- □ **喜欢被夸赞。**
- □ **自认为是那种一被称赞就更加发奋的类型。**
- □ 还口无遮拦地告诉别人。
- □ 结果被人尖锐地指出:"自己说的算什么啊!"
- □ "拜托,这是事实好不好。不然,你觉得应该怎么说?"
  人家本来就是一被称赞就会好好成长的孩子~~
- □ 其实,对于"血型"一说,不是很感冒。
- □ 就算别人说"某个血型是什么样的性格",也不过回应:"哦,是这样啊。"
- □ 不过,如果需要用这个话题炒热气氛,那完全OK!
- □ **结论每天都在变。**
  "喂,你上次明明不是这样说的!"
  "以前是以前,现在是现在啊。"

☐ 不善于撒谎。

☐ 就算厚起老脸撒谎，也还会露出马脚。

☐ 表情乱套，说话颠三倒四，还会大舌头……完了，我在说什么啊……

☐ 接着，目光开始游离。

☐ 到最后，浑身上下没有一处地方自然。

☐ 不过，偶尔会为了不破坏当时的气氛而撒谎。

☐ 与其说是撒谎，不如说是为了迎合话题。

- [ ] **是"台面上"的大力士。**

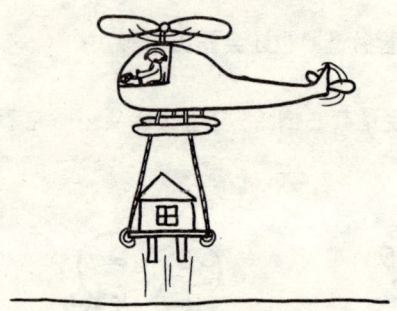

- [ ] 才不要进入"幕后","因为这样一点儿也不起眼嘛~~"

- [ ] **说话的夸张尺度,是事实的 1.5 倍。**

- [ ] 虽然觉得"真的很夸张",还是忍不住这样说。

- [ ] 因此,坐上了忽悠派第一高手的宝座。

- [ ] 说话夸大 1.5 倍。
    → 再加上拟声词(就跟真的似的)。
    → 对方开始有点儿动摇了(还差一步)。
    → 接着以自己最擅长的指手画脚锁定胜局。
    → 对方百分百臣服了。
    → 完成任务。就是这么一回事。

☐ **冥顽不灵。**

☐ 但并不是死脑筋。

☐ 自己拿定主意的事,绝不允许别人说三道四!

☐ 毫不在意他人的意见和劝告。

☐ 嘴上说"有需要的我会问你啦",实际上心里早就有数了。

☐ 就算失败也没啥。

☐ 按自己的思路失败,总比听别人的意见后失败要好几百倍。

☐ 心情一好,就会开始"自言自语"。

☐ 甚至"从鼻子里哼起歌来"。

☐ 更兴奋的时候,就放开声激情"演唱"——仅靠鼻子已经不够用啦!

☐ 会因懊恼而哭泣。

☐ 一个人躲起来吞声饮泣。

☐ 也会因悲伤而哭泣。

☐ 是在人前夸张地号啕大哭。

☐ **相当好战。**

☐ 一旦认定就是"这里"，立即集中火力开炮！

☐ 怎么说呢，任何事都觉得"可行！"（战将的直觉？）

☐ 这种预感通常都很准。
"瞧，我说对了吧，早就想到这个结果了。"

☐ 反之，一旦感到"没戏了"，就会立即收手。

☐ 绝不会"虽然没啥希望，还是再挣扎挣扎"。

☐ 讨厌做无谓的努力。

□ 一旦进入"应急状况",所有机能立即罢工。

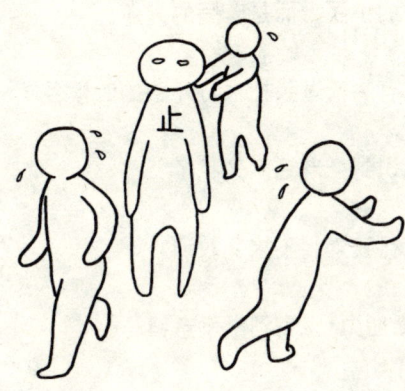

□ 此时,一切决策都留待别人决定。

□ 反正会有擅长应急的家伙出来解决。

□ 不过,平时却是能发挥惊人作用的人才。

□ 越是被压榨,越能发挥潜能。

□ 一旦帮助了别人,立即感到神清气爽。

□ 非常开心自己能派上用场,真是 high 翻了!

□ 因为自己的存在价值被提升。
　"你们需要我吧?知道没有我不行了吧?"

☐ **全身流淌着无尽的热血。**
   不是潺潺的小溪，而是奔腾的大海。

☐ 不过，也有热情过头把对方吓跑的时候。

☐ 自己也意识到"老毛病又犯了"。

☐ 但还是我行我素，不接受教训。

☐ "应激判断能力"，差到出乎意料……

☐ 结果倒了大霉。

☐ "本来嘛，突然变成那个样子，还让我下判断……"

☐ 有时候会开令人尴尬万分的玩笑。

☐ 不是玩笑，是貌似玩笑的真心话！
   "别以为笑一笑就能糊弄过去，我可是说真的！你们统统给我放在心上！"

☐ 看似"三分钟热度"，但内心却"始终有股顽强的牵引力"。

☐ 一直存在，不能释怀。

□ 看似随随便便,实际上责任感爆棚。

□ 尤其是当别人只拜托了自己的时候。

□ 干劲儿十足地想:"拼了老命也要完成!"

□ 必要的时候,就算熬夜也在所不惜。

□ 如果能出色地完成,会在心里振臂欢呼。
"干得好,干得妙,老子真是呱呱叫!"

□ 天亮啦!虽然一夜没睡,但还是直接出门了。

□ 结果下午很难熬。

☐ 不会把事情形容得很艰涩难懂。

☐ 明明是很复杂的事。"哇，跟一团乱麻似的！"
可说着说着，就往简单的那头儿走了。

☐ 很会打如意算盘。

☐ 比如，跟谁打交道有好处？
到了这个地步，要怎么走才会不亏本？
脑子里噼里啪啦地"打算盘"，速度堪比电脑。

☐ 用一句话形容自己，"胆大心细"。

☐ 不会"瞻前顾后地尝试"，而是相反。

☐ "动手之前晃晃悠悠，一旦开始就飞速前进。"
已经停不下来了，啊啊啊啊啊啊 --- →

□ 忍耐力非～常强。

□ 仅限三分钟。

□ 受不了,我凭什么要忍耐啊!

□ 如果有个"到此为止"的终点线,还可以拼一拼。

□ 是"吃苦耐劳大擂台"的擂主。

□ 设法让你们看看,我是怎样用 100 块钱撑过一个月的!

□ 曾因慷慨而吃亏。
"将餐厅内侧的软座让给别人。"
"将电车内可以看到好风景的靠窗位置让给别人。"
"在互相谦让之前已经先退了一步。"

□ 明明巴不得对方能先让步。"老兄,您就稍微谦让一下吧!"

□ 所以,一旦有人真的礼让自己,就会特别感恩戴德。

- [ ] 偶尔会尖锐地戳穿事物的本质。
  "你其实想说的是这个吧？呵呵！"

- [ ] 因为平常很难得灵光一现，顿时赢得一大堆人仰视。

- [ ] 自己却在内心嘀咕："嗯？我真有这么聪明么……"

- [ ] **随时随地都有无数"未来的梦想"。**

- [ ] 就算七老八十了也一样。

- [ ] 每当在电视或漫画中看到英雄类型的主人公，都会产生莫名的亲近感。

- [ ] 因为他们身上散发着一种"大家都是O型人"的味道。
  "嗯？好像谁在求救？！必须去支援，冲啊！"

2 基本操作

☐ 很不适应紧张场面。

☐ 要是又紧张，还很拖拉，就会抓狂！

☐ 比如当众演讲啊唱歌之类，越早越好！

☐ 天啊！不会轮到我最后一个上台吧？！

☐ 还有，那种"结果下回分晓"的事儿最挠心，我"现在"就要知道！！！

☐ 一旦获得情报，就"深信不疑"。

☐ 结果新情报进来，才晓得完全搞错。

☐ 糟糕！人家已经大嘴巴散播出去了……

☐ 到底是挨个儿更正呢，还是装糊涂保持沉默呢？举棋不定。

☐ 可恨的是，那帮家伙知道事情真相后，都来调侃自己。

☐ "不要说我单纯！"

☐ 是个十足的野心家。

☐ 不管"实际上"是不是如此,反正明眼人都这样想。

☐ 胆子奇大。

☐ 所以,面对生死关头会非常勇敢。

☐ 越打击,越顽强!

☐ 适应能力很强!

☐ 但是反应迟钝!

☐ 正因如此,才能生存。

☐ 无论生在什么时代,去怎样的国家,都能顺利地生存下去。

☐ 可是,如果有人说"你好像一个人也能活啊",就会格外受刺激,而且是100,000电伏的刺激。
这种事曾经发生过。

3 外部连接

他人

☐ 会亲近拿东西给自己吃的人。

☐ 特别是快要饿瘪了的时候,简直是感激涕零!

☐ 平时不太感冒的人,只要给东西吃,也开始心生好感。

☐ 因为自个儿都没法控制,于是大叫:"别再动不动就给我喂食啦!"。

☐ 但是,总是缺少那么一份底气。

- [ ] 对待人的相貌和姓名有两种极端：要么"姓甚名谁一清二楚"，要么"半点儿印象都没有"。

- [ ] 马上能记住的，是和自己有上下级关系或者利害关系的人。

- [ ] 印象模糊的，是上述两种以外的人。
  会对想不起来的人预先说："被我忘记的朋友，对不起了！我没有恶意。"

☐ **好为人师。**

- [ ] 没办法，就是有强烈的愿望，想把自己擅长或非常了解的东西倾囊相授。

- [ ] 不过，您老就别指教我了。谢谢，俺不需要。

- [ ] 很讨厌那种一厢情愿卖弄的人，人家明明没有问你！

- [ ] 不过要是正规专家的指导，却二话不说地接受。

- [ ] 对于稳操胜券能战胜的对手，态度是铁板一块。

- [ ] 没有战胜不了的对手！因为那些真正的强者，自己早都刻意避开了。闪人～～～

☐ 虽然一群人扎堆儿欢聚也不错,但也喜欢和死党小酌几杯。

☐ 话匣子一旦打开,可就关不住了。

☐ 不过第二天会有点儿脸红:"哇,怎么八卦了这么多!"

☐ 要是被人挖苦,会隔一阵才有反应。

☐ 当天回家以后,才觉察到。
"可恶!那个混蛋居然是在拿我当笑料!"

☐ 几天之后,碰到对方时已经忘得一干二净。

☐ 结果当天晚上又反应过来。
"啊,我干嘛要对他笑嘻嘻的!应该扭住那小子让他道歉才是!"

3 外部连接

☐ 自己一旦成为众人的谈资,就会难为情。

☐ 如果连糗事都被捅出来的话,就更不好意思了。

☐ 如果被人说"哎呀,脸都红到耳朵根儿了",立即惊慌失措。

☐ "够了!换个话题吧!住口!!"
　"不对,人家不是这样的,绝对不是!"

☐ 经常说"谢谢"、"对不起"。

☐ 但对家人和非常熟悉的人,不知为什么就是说不出口。

☐ 对于该珍惜的人,不好好珍惜。

☐ 对于无关紧要的人,却过于用心。

☐ 对待熟人简单又粗暴。

☐ "人家内心真的很在意哦。真的!"

☐ 却固执地不肯吐露。

☐ 一不留神把"拉勾不外传的事"和盘托出。

☐ 竟然没有因此发生纠纷。

☐ 在"窥私"的气氛中,也会一不留神泄漏自己的秘密。

☐ 后悔到咬指头:"啊,我干嘛要告诉他啊!"

☐ 不过,这种事一转身就忘了。

☐ 就连听的人也忘了。

☐ 非常懂得察言观色。

☐ 准确地说,能读懂在场的每个人。
  包括内心、思想或行动。

☐ 甚至能收获一些意想不到的东西。
  像是他人的"困惑"或"真实目的"。

☐ 越观察越上瘾,其乐无穷。

☐ 不过,这样做好累哦~~~

3 外部连接

□ **总是轮到自己照顾醉鬼。**
"不知道是第几次借人肩膀了。"

□ 在电车上会毫不犹豫地让座。

□ 但疲倦的时候，就摆出一副"我睡觉呢"的谱儿。

□ 闭目装睡。
眼皮时不时抖动一下。

□ 心里到处翻借口。
"不好意思，人家实在是太累了！"
"表面上看不出来，其实快要累瘫了啦。"

□ 不过，还是觉得不太好，良心一阵阵作痛。

□ **不知为什么非常有小孩缘。**

□ 甚至被当做"朋友"看待。"是有求于我吧……"

□ 不过的确，可以一起热火朝天地玩游戏。
而且对小孩子也从不手下留情，因为水平差不多嘛。

□ 所以，绝对不可以认输！

☐ 去别人家玩的时候，会很正式地带礼物。

☐ 对朋友的家人也彬彬有礼。

☐ 披上租来的羊皮，佯装老实头。

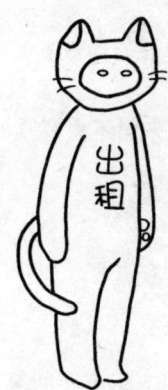

☐ 喜欢请客。

☐ 但没钱的时候，我可不穷充大方！

☐ 不习惯被别人请。

☐ 让别人买单，总觉得不好意思。

☐ 即使 AA，也会主动付零头。

☐ 回短信很迟。

☐ 真实原因："并不是忘记了,而是不知道回什么。该严肃呢,还是该搞笑?人家写那么长,回得太短了也不好。唉!怎么办啊。"

☐ 不过,有时候是压根儿没注意到"您有一条新的短信"。

☐ 还有的时候,是因为来自不太喜欢的人,于是装驼鸟,"没有 message",没有!

☐ 如果因回复晚了被对方埋怨,
固定托词是"我很忙"。

☐ 要是自己发短信后对方迟迟不回复,就开始坐立不安。

☐ 心里头毛毛的。
"不会写了什么不该写的吧?"

☐ 巴不得别人能够多多了解自己。

☐ 可是,如果对方表现出,"你么?我可是了如指掌!"就会非常火大。

☐ 拜托!我只是希望你了解,不是被掌控。

☐ 有时候想一个人独处。

☐ 这时候,就真的独个儿待一阵。

☐ 觉得那样的自己"很有成人范儿"。

☐ 但到底是个怕寂寞的人,没几分钟就开始犯"朋友病"。
"想你们了!嗷~~好想和你们一起大吵大闹!讨厌一个人待着!"

☐ 在意别人对自己的看法。

☐ 很很很想知道,已经迫不及待了。

☐ 所以,会从第三者那里偷偷挖掘小道消息。
"喂,那家伙到底说我什么了?"

3 外部连接

☐ 不介意和别人分享食物。

☐ 要是和朋友点了不一样的套餐,就会说:"把你的给我点儿,你也可以吃我的。"

☐ 不过,一个人偷偷享用美食的时候,很讨厌被人"横刀夺爱"。

☐ "吐出来!把你刚塞进嘴里的东西吐出来!买新的并向我道歉!马上!!!"

☐ 夺人所"爱",你会下地狱的!

☐ 在电车内看到不守规矩的人会很烦躁。

☐ 不过,自己也曾无意中做过。

☐ 不习惯被人鼓励。

☐ 一旦被鼓励,会觉得很窝囊:"难道我平时做得不够好吗?"

☐ 所以,请不要触碰我的软肋。

☐ "没关系的,我也经历过!"
"没关系?!要是没关系,我就不会那么郁闷了。
你觉得没关系,那干脆你帮我解决掉好啦!"

☐ 不知道就会很坦然地说不知道。

☐ 但若因此被认为是白痴,便会勃然大怒。

☐ "啊?你不知道?"很讨厌这种夸张的反应。
你说完我不就知道了!!!

☐ "对人热情点儿"、"要专心听人讲话"。
本周能遵守目标吗?……是!

☐ 果然,对人很热情,也能耐心倾听。

3 外部连接

☐ 其实还有相当怕生的可爱一面。

☐ 虽然怕生,却会用协作精神来掩饰。

☐ 在今天相识的"朋友的朋友"面前,忽然乖巧得出奇。
虽然前一秒钟还闹翻天。

☐ 对于初次见面的人,笑容天真,内心戒备。

☐ 观察许久,感觉"这家伙没什么问题",才慢慢卸下心防。

☐ 要是觉得"这家伙很危险",便在满面笑容的背后,筑起加固城墙,墙头再骑一门大炮。
如有不测,轰你没商量!

- [ ] 老老实实服从大多数。

- [ ] 事后再发牢骚。

- [ ] 喜欢跟人去"喝一杯",明明酒量比鸟还要小。

- [ ] 糟糕!有人在酒桌上吵起来了。救火员,我,义不容辞出场!"算了算了,酒桌上的事别在意。"

☐ 热心肠,且过分宽厚。

- [ ] 有时插手别人的事,插到令人厌烦。

- [ ] 结果被造谣中伤:"那家伙真难缠。"

- [ ] "那又怎么着?热心肠不是好事么,对吧?"

- [ ] 一知道别人有难,就没法坐视不管。

- [ ] 在大街上也常助人为乐。

- [ ] 虽然觉得"这底下绝对有很多陷阱",但还是乐此不疲。

☐ 不知为什么，非常有长辈缘。

☐ 而且还会变成"忘年交"。

☐ 和年长的人说话，不知不觉就称兄道弟起来。

☐ 不过，对方可不介意。

☐ 对老师和前辈也曾没大没小。

☐ **自己会是喋喋不休的那一方。**

☐ 可是光自己一个人"叭啦叭啦"，好像有点儿不太礼貌。

☐ 所以，强忍着克制一下。

☐ 看到谁做事不麻利，磨磨蹭蹭的，就恨不得自己出手。

☐ 心里痒痒到不行。

☐ 终于！忍不住出手了！

- [ ] 倍儿认真地跟小动物谈心。
    "喂,你好吗?噢,这样啊。"

- [ ] 剃头挑子一头热。但彼此很投脾气,看嘛!它似乎听懂了。

- [ ] 喜欢送别人礼物。

- [ ] 挑选礼物的过程最快乐。

- [ ] 虽然很快乐,但太过犹豫的结果就是,买了毫无特色的东西。

- [ ] 自我安慰:"东西不重要,贵在用了心。"

- □ **善于随声附和。**

- □ **善于诱导话题。**

- □ **善于勾出他人的秘密。**
  "喔,看不出来那家伙竟然是这样的,hoho!"

- □ 总给人"很谈得来"的感觉。

- □ **经常有人找自己商量事情。**

- □ 认真地倾听,然后,提出很切实际的建议。

- □ 但人家不过想找个垃圾桶,压根儿不想听建议。555,犯大忌了!

- □ 认为在大家七嘴八舌聊得欢畅时,必须配合。

- □ 就算心情跌落谷底,也会硬将情绪调整到最高峰。

- □ 内心很纠结:我到底在做什么?

☐ 经常被人问路。

☐ 郁闷的是,还是在人生地不熟的地方。

☐ 不过,既然被问,便很耐心地说明呗。

☐ 很想给对方画地图。要是手头有工具,肯定这么做了。

☐ 要是答不上来,就会跟做错事一般心虚。
啊,我帮你问问别人吧!

☐ 会准时赴约。

☐ 要么稍稍迟到一会儿。

☐ 对方迟到也不会介意。时间不长的话,顺便到处转转。

☐ 但要是不打招呼就迟到,我可是会冒火的!

☐ "为了等你我都不敢挪地方!不联系我你倒是准时来啊!"

3 外部连接

☐ 乍看似乎对人没有喜好偏见。

☐ 只是乍看。

☐ 内心翻滚着喜恶的暴风雨。

☐ 虽然讨厌，还是可以草草地碰个面。

☐ 不过，要是几年不遇地碰到那种"怎么看都烦"的家伙……

☐ 无论如何不想和他呼吸相同的空气。
　　无论如何不想和他待在同一个地方。

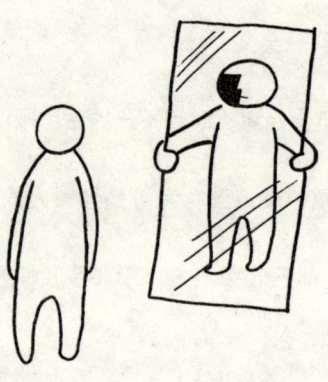

☐ 好似有一个黑乎乎的东西势不可挡地滚过来。
　　不由得全身竖起尖刺。
　　那样的心情，会沿着态度一点点地泄露出来。

- [ ] 很在乎别人怎么评价自己。

- [ ] 只关注"优点"那一块。

- [ ] 要公正！不,"比公正再多一点儿"！

- [ ] 是个坚持不懈的人。

- [ ] 同时也是欲望无止境的人。

- [ ] **爱煲电话粥。**

- [ ] 要事、琐事一起上,琐事比例更大。

- [ ] 即使被欺负或者遭到背叛,也不会怀恨在心。

- [ ] 所以,即便有过纠纷,日后也还是朋友。

- [ ] 吵架不会纠缠不休,但一吵起来却气势逼人。

- [ ] "@#$%^&！"→冷战两分钟→冷静思考→"对不起！""不好意思！"→恢复常态。
  整个过程,大约8分钟。

3 外部连接

- [ ] 被人拜托在结婚典礼上发表演说。

- [ ] 立即精神百倍。

- [ ] 出尽百宝,怎么才能调动气氛呢?

- [ ] 到了正式那天,却把计划一脚踢开,直接临场发挥。

- [ ] 不过,气氛还是上去了。啊,真了不起!

- [ ] 去旅行,会买当地土特产分给大家。这是必须的!

- [ ] 旅途还没开始,就已经打算着该买些啥啥。
  其实连那儿盛产什么都不知道。

☐ 在比自己马大哈的人面前,变身为"老妈"。

- [ ] 恨不得替他包办一切。

- [ ] 一旦回归一个人,就开始对细节无所谓。

- [ ] 心想,哪是管别人闲事的时候啊。

- [ ] 喜欢邀请别人来家里做客。

- [ ] 会招呼得面面俱到。

- [ ] 客人刚踏出门，就会疲倦到超乎想象。
刚刚的笑脸一丝都不见了。

- [ ] **去别人家，简直跟在自己家一样随便。**

3 外部连接

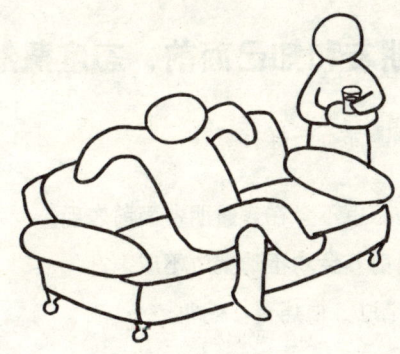

- [ ] 自如得让人以为是"家里人"。

- [ ] 能很快融入陌生的场所和人群中。

- [ ] 难道是厚脸皮不成？

☐ 经常漏听重要的事。

☐ 原因是走神了。

☐ 脑子里排队思考的东西多着呢!

☐ **虽然认识很多人,但真正的密友却很少。**

☐ 一旦成为知己,就会又深又长地交往下去。

☐ **在普通朋友和知己面前,态度截然不同。**

☐ 连说话的声调都不一样。

☐ 再大的烦恼,也不会在普通朋友面前表现。
而在知己面前,会动不动就泣不成声。
"我真的好难过,很痛苦! 呜呜……"

☐ 珍惜"朋友"。

☐ 喜欢振奋的感觉:"大家一起加油吧,fighting!!!"

☐ 青春偶像剧的朝气蓬勃,很玄妙地在内心涌动。

☐ 很想和大家一起向着夕阳奔跑。

☐ 因朋友的落败,友情更进一步。

☐ "好,大家一起往前冲!"

☐ 然而,那种"朋友"间的复杂关系图,也在头脑中清晰地呈现,于是断送了友情。

☐ 很多事情纠缠在一起。
"那个人讨厌这个人,这个人喜欢那个人,谁不服谁"。
等等。

3 外部连接

☐ 人际关系混乱时，会选择抽身。

☐ 因为太复杂就会迷失方向，我可不想被卷进去。

☐ 但不喜欢脱离群体，至少得让我知道彼此的信息吧！

☐ 喜欢宠爱别人。

☐ 一旦有人过来撒娇，就会搂在怀里，像对孩子似的抚摸安慰。

☐ 会很积极地带感冒的家伙看医生。

☐ 看到流浪猫就想抱回家。

☐ 就算被人指出缺点，依然我行我素、拒不反省。

☐ 这是自己的长项。

☐ 要是真做错了，其实还是会私底下反省的。

☐ 不过，头脑中会盘旋着各种借口。

☐ "没错，是我做得不对。可是……"
这个"可是"是必须的。我也有我的苦衷嘛！

☐ **最怕拐弯抹角。**

☐ 因为不知道对方到底想说什么。

☐ "简洁些，拜托直接一点儿！"

☐ 非常不喜欢半天没有结论的长篇大论。
"昨天呢，先是……然后……就在此时，那家伙……啊，我刚才说什么了？"
"%￥%*&#！！！（大怒）"

☐ 曾被人说，你好像"懒得多说"。

☐ 有时候被指责"别自以为是，信口开河"，可为啥有勇气开口，对方脸上却一副怕怕的样子？

☐ 几个星期后的约定,最好到几个星期后再说。

☐ 否则记不住。

☐ 还早呢,我哪知道到时候有没有空。

☐ 期待的心情可撑不了那么久。

☐ 所以,等快到日子了再约吧,就这样。

☐ 在一群人中随大流。

☐ 在少数熟悉的人中,固执地坚持己见。

☐ 别人问"想怎么做",不会回答"随便"。

☐ 因为果真这样,会把对方惹怒。
"随便。"→
"那么去这家吃怎么样?"→
"今天没啥兴趣。"→
"你这样子根本就不叫随便!"

□ 横看竖看，O型都是招人喜爱的血型。

□ 胸襟开阔又积极，看起来很不错。

□ 不过，也容易被人在背地里当成傻子。

□ **烦恼向别人倾吐之后会很轻松。**

□ 所以同一个烦恼会倾泻给好几个人。

□ 没事吐吐槽，心情会更好。

□ 记不得都跟谁说过了。

□ 因此，同样的话可能跟同一个人重复了好几次，不过还是照旧。

□ 在外边经常碰到认识的人。很不可思议。

□ 奇怪自己怎么总是这么"幸运"。

□ 压根儿就不想碰到。

□ 结果还是被发现。

3 外部连接

☐ 如果对方强词夺理，会很生气。

☐ "什么破理由！给我真心话啦！！！"

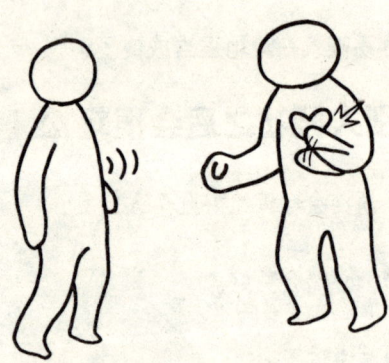

☐ 经常接到"邀请"。

☐ "嗯？本来只是想窝在家慵懒地混一天……"这阵实在是太累了。

☐ 但又不能用"我很累"的理由拒绝。
明明是自己的时间，却不能自由享受，这是哪门子的事儿啊！

☐ 如果只请了自己，连面子也懒得敷衍一下。拒绝！

☐ 要是群体聚会……就是爬也要去！

☐ 把某些人作为"假想敌"。

☐ 通常是"名人",或者"历史人物"。

☐ 不习惯 A 型血的细致(说穿了就是很"龟毛")。
反正自己做不到,怎么也比不过人家。

☐ 常常不得已要照顾 B 型血的人。
不过,跟他们在一起很有乐趣,所以还是忍了。

☐ 和 AB 型血的人交往需要保持适当的距离。
从积极的意义上讲,那种小心翼翼的感觉不仅挑战,还刺激。

☐ 和 O 型血的人在一起很轻松,相同的喜好加上一式一样的懒,可以说是一拍即合。
不过,不会让对方超越心理界限。

3 外部连接

4 各种设置　　　倾向 / 兴趣 / 特长

□ **一旦对某件事上瘾，就会深陷其中无法自拔。**

□ **然后突然感到厌烦，因为腻了。**

□ 要是没啥能让自己全情投入的，会无聊到发呆。

□ 所以，一旦厌烦就立即寻找下一个乐子。

□ 结果，成为"看起来总是很开心的人"。

□ **其实很喜欢可爱的东西。**

□ 从钥匙链等小物件上会流露出小小的可爱。

- [ ] 喜欢聚众唱K。

- [ ] 可是打心眼里喜欢的歌总也轮不到。

- [ ] 因为和别人一起去,会选择"大家都会唱的歌"。一个人去呢?没试过。

- [ ] 所以,很想试试"一个人的卡拉OK"。

- [ ] 不过"勇气VS怯弱",结果怯弱胜出,yeah!还是输了?

- [ ] 虽然这样想,但经历一次马上就习惯了。

- [ ] 喜欢那种带有人生体验的歌曲。

- [ ] 也蛮喜欢怀旧动画片的主题曲。

- [ ] 很讨厌减肥不能立竿见影。

- [ ] 即使成功了也会马上反弹。

- [ ] 于是,不管花好几年,总是减了又肥,肥了再减。

4 各种设置

☐ 非常讲究饮食。

☐ 不过也喜欢粗茶淡饭，比如鱿鱼干。

☐ 吃饭速度快到惊人。

☐ 光看招牌，就有数哪家店好吃。

☐ 吃火锅的时候，如果没人张罗就自己动手。

☐ 不过给人分盛的时候粗枝大叶。
惹得别人不满："拜托能不能平均点儿。"

☐ 吃完火锅之后会相当精心地烹制菜粥。

☐ 有条有理地烹制。

☐ 对于节日里摆的露天小摊充满期待。

☐ 已经基本想好了要买什么。

☐ 一到炒面和章鱼小丸子的摊位前就迈不动步子。

☐ 其实在转了一圈儿之后，已经牢记了店铺的所在。

☐ **什么都舍不得。**

☐ 太可惜了，统统吃掉！

☐ 太可惜了，坚持到最后！

☐ 太可惜了，一个也不能扔。

☐ 参加仪式或活动会异常兴奋。

☐ 情绪上来的时候，是平时 N 倍的能说会道。

☐ 出远门的前一天辗转难眠。
"好高兴好期待啊……ZZZZZ要注意哪些事情啊……哎，还是不行，睡不着啊！"

☐ 参加的当天很狼狈。
不过，还是努力振作精神。

4 各种设置

- **☐ 觉得操作复杂的游戏很麻烦。**

☐ 喜欢俄罗斯方块那样的简单游戏。

☐ 非常痴迷。使出浑身解数，过程远远超越了快乐的含义。

☐ 某一天，难以置信地突然不玩了。

☐ 不知为什么保龄球打得很好。

☐ 每次去打都会仔细研究一番。这可不是随便玩玩，是来真的！

☐ 没心思追求服装潮流。

☐ 但也不是完全无视。

☐ 有自己独特的"时尚标准"。

☐ 喜欢穿旧且合身的衬衫。

☐ 衣柜里总有一些来历不明的奇装异服。

□ 有那种健康"御宅族"的倾向。

□ 很喜欢按压穴位。

□ 有时会对自己的病痛洋洋得意。

□ 炫耀从前受的伤或生的病。
"去年得流行感冒,烧到40度以上!"
"小学三年级的时候,骑自行车摔倒,手腕就'啪'一声骨折了。"
"快看快看,这是被狗咬后留下的伤疤!"

□ 容易被蚊子或虫子叮得满头包。

□ 心中很是忿忿:"难道我的肉就那么香吗?"

□ 曾被同伴感激:"跟你在一起不会被蚊子叮。"
这种话听了完全高兴不起来啊!

4 各种设置

☐ **喜欢散步。**

☐ 常去的那个公园，有一道河堤。

☐ 在旅游的城市，喜欢漫无目的地行走在陌生的街道上。

☐ 会被观光地的"自行车出租店"吸引。

☐ 曾经骑自行车走过难以置信的距离。

☐ 那已经不是"走过"了，而是一个短距旅行。

☐ 不过返回时相当有气无力。

- [ ] 有韵味的古典的东西更合口味，比如庭园、古建筑、小镇老街、古董家具等，还有旧式的红木龙凤大床。

☐ 讲究室内装饰。

☐ 但屋子却脏乱得出奇。

- [ ] 在外头利利索索，家里的垃圾却堆成山。

- [ ] 搞不清该从哪开始收拾，索性放置不管。

- [ ] 脱下来的衣服乱扔，姑且为了不出褶儿摊开放。
  下面是昨天的衣服，再下面是前天的，再再下面……

- [ ] 于是堆积成了一座衣服塔，摇摇欲坠。

- [ ] 东西多到满出来，乱七八糟。

- [ ] 柜子明显不够用，但已经没有地方搁新柜子了。

- [ ] 所以，只能任由多余的东西露在外边。

- [ ] **不想排队。**

- [ ] 但如果是买好吃的,排个一次也没啥关系。

- [ ] 不过,再好吃的店,也绝不再排第二次。

- [ ] 知道哪个店"人少"、"好吃"、"装修别致"。

- [ ] 在游乐园排队上过山车时,整个人都要蔫掉。

- [ ] 一点点往前挪,情绪也一点点低落。

- [ ] 哇,终于轮到自己了!情绪爆满!

- [ ] 排队时的痛苦回忆,就像发生在几年前一样抛开了。

- [ ] 排下一个项目时,情绪又跌落谷底。"什么~~要等50分钟啊~~↓"

- [ ] 喜欢"故事情节简单明快"、"心怦怦跳，眼泪刷刷落"、"动作、冒险、轰隆一声爆炸"之类的电影。

- [ ] 一看"艺术类影片"就狂睡，只记得一开头的内容。

□ **磨磨蹭蹭地懒得出门。**

- [ ] 却可以在深夜跑去24小时便利店。

- [ ] 穿着很随意，只要不是睡衣就好。

- [ ] 电脑打字很快，但指法是自己独创的。

- [ ] 讨厌在键盘上覆一层保护膜。

- [ ] 所以键盘脏兮兮的，只有经常敲击的那几个键闪闪发亮。

□ **没长性。**

- [ ] 不是气馁，绝对不是。

- [ ] 喜欢奇怪的生物，比如深海鱼之类。

- [ ] 会被其笨拙的可爱而吸引。

☐ 喜欢挖耳朵。

☐ 尤其期待掏出大的耳屎。"啊，出来了！"

☐ 对掏耳勺很挑剔。
"末端用不上力的不行，一定要有贴合耳朵内部的弧度哦，很优美的曲线。"

☐ 也喜欢棉棒。

☐ 在任何场合都能找出适宜有趣的话题。
"有关宇宙模型的深奥话题"、"超级无聊的白痴话题"、"关于某某的超详细信息"……应有尽有。

☐ 看体育比赛，经常错过"最精彩的一幕"。

☐ 怎么会……人家的视线就错开了一下下而已。

☐ 不是漆黑一片，就睡不着觉。

☐ 尤其介意橙色的小壁灯。

☐ 喜欢在泡澡后来一场乒乓球。

☐ 对空中曲棍球尤其狂热。

☐ 拥有自己的吉运法门。
"上下台阶先迈右脚。"
"只走人行横道上的白线。"
"并排走的时候，走左边。"

☐ 读书方面，对喜欢的作家痴迷得不行。

☐ 非常喜欢图鉴类读物，只看图画和照片就很满足。

☐ 但讨厌虫子的图。

☐ 房间里到处扔着看了一半的书。

☐ 会把读过之后感觉特别好的书推荐给他人。

☐ 人家觉得烦死了，但自己的理由是"的确很好看啊"。

4 各种设置

☐ 旅行毫无计划，想去哪儿就去哪儿。

☐ 如果非拟定一个计划不可，就拜托他人。

☐ 虽然跟团很轻松，但却会被强制带去不喜欢的地方，所以还是算了。

☐ 想尝试一个月的船上之旅。

☐ 不过坐到一半就有点儿厌烦。

☐ 乘坐卧铺列车去旅行也不错。

☐ 如果乘坐列车旅行，车站卖的风味盒饭一定不能错过！

☐ 姑且预订名字奇怪的饭菜。
"南国微风？""酸酸甜甜？"
这什么乱七八糟的菜啊？先订了再说！

☐ 想要睡在壁橱里，把电灯什么的也拿进去。

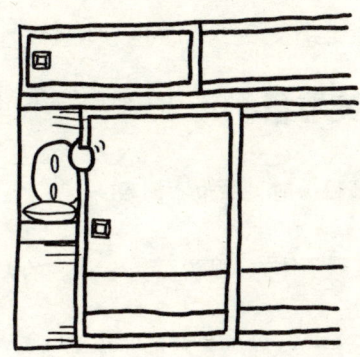

☐ 想要一个秘密基地，无论以前还是现在。不，现在更强烈！

☐ 喜欢杂货店。

☐ 单看那些琳琅满目的物件，都会有一种发自内心的幸福感。

☐ 百货店的日用杂货柜台和家具橱窗，总也看不够。

☐ 即使没什么想买的，晃荡一圈也不错。

☐ 对于简单的创意商品也是一样，明明不会买，还是目不转睛嘴里念叨着"噢，原来如此"。
简直成了"私人学习研讨会"。

☐ 在某一领域，拥有不逊于专家的造诣。

☐ 但因为没走上那条路，只好委屈一下当作酒桌上的谈资了。

☐ 喜欢搞笑节目。

☐ 看"搞笑节目"时，嘴也不闲着。

☐ 结果变成喋喋不休的"解说员"，让周围的人恨得牙根痒痒。

☐ 非常喜欢那种令人嗖嗖发冷的"冷笑话"。

☐ 相当喜欢美术馆和博物馆。

☐ 更喜欢动物园和水族馆。

☐ ↑去的时候，不知为什么就是劲头十足。

- [ ] 想要骑着骆驼在沙漠中行走。

- [ ] 想在青藏高原策马狂奔。

- [ ] 想在大海中和海豚嬉戏。

- [ ] 总之"异常宽广的地方"+"动物"+"自己"(毫不相干的三个要素)=最美妙的和声。

4 各种设置

5 程序

工作/学习/恋爱

- [ ] **对工作的进度，熟悉得相当快。**

- [ ] 也处理得相当漂亮。

- [ ] 认为自己很有才能。

- [ ] 只不过，偶尔会搞出令人跌破眼镜的蠢事。

- [ ] 还没人过问，就先拼命挤出一大堆借口。

- [ ] 对没兴趣的工作完全提～不起劲。

- [ ] 对耗时间的工作也是爱～做不做。

- [ ] 只对那种短期奋战的工作，能够"速战！速决！"

- [ ] 最幸福的时刻是工作结束后的小酌！

- [ ] 尤其喜欢工作中的休闲时光。

☐ 一旦被指定教导后辈，就会兴奋异常。

☐ 目标是做一个明事理的前辈，因而指导很严厉。

☐ 很欣慰自己是个"称职的前辈"。

☐ 要是表现得和蔼可亲，就失去了斥责的本意。
让人觉得"又开始唠唠叨叨"，结果连重点在哪也没抓到。

☐ 自己身为下属时，会根据上司是谁，来决定工作态度。

☐ 如果是讲道理、信赖自己的上司，会一头扎入工作中。

☐ 如果觉得上司挑剔、不相信自己，没错，态度立即180度大转弯：斜着眼，用"我讨厌你！"的语气说，"好"。

☐ 开会时勇于发言。

☐ 即使是无聊的例会，时间一长也会变得认真起来。

☐ 虽然非常困，但仍然坚持撑着眼皮（注意！我可没睡着），实际上早已无限接近"沉睡"状态。

5 程序

☐ 每天早上都掐着最后一秒冲进学校或公司。

☐ 读书时是迟到的惯犯,不过不会逃课就是啦。

☐ 办公桌真不是一般的乱。

☐ 不过还不至于要动用挖土机才能找到东西。

☐ 怎么说呢,其实不过想把需要的东西都放在触手可及的地方罢了。

☐ 一边烦恼着:"可是,橡皮屑和点心渣什么的,又怎么处理呢?"

☐ 自从用电脑和手机打字之后,把汉字都忘光了。

☐ 念是会念,就是不会写。

☐ 要说查字典呢,又很麻烦。

☐ 所以,干脆在手机上调出来。

☐ 下一次也记不住,永远都记不住。

☐ "唯独"擅长的科目成绩好。

☐ 其他科目差强人意，要么就是因提不起兴趣而全军覆没。

☐ 擅长在考试前一天"临时抱佛脚"。

☐ 要闯关，只靠临阵磨枪。

☐ 所以，毫无悬念地在应用题上卡壳。
"这是什么鬼题目~~为什么和参考书上的不大一样！"

☐ 本来就不擅长的科目，因为粗枝大叶导致分数更低。

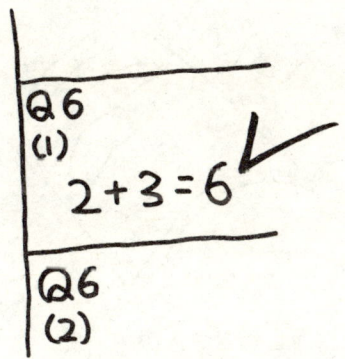

☐ 不太喜欢理科。

☐ 在交卷前能发挥惊人的能量和爆破力。

☐ 在无聊的课上不是打瞌睡，就是看课外书。

☐ 不过不会和同桌"开小会"，因为会影响周围的人。

☐ 不过，要是别人主动凑上来，就会因不便回绝而迎合。

☐ 学习的时候不喜欢用荧光笔和彩笔做记号。
　　因为，一支支换来换去太麻烦了。

☐ 笔记本上有很多箭头或圆圈符号。

☐ 笔记本的边缘，注上了与课堂无关的自言自语。

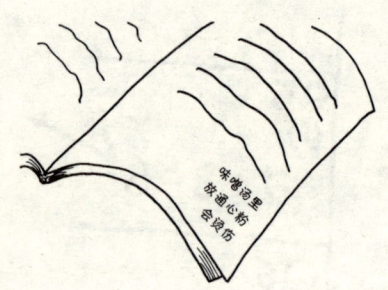

☐ 还会画插画，而且相当令人眼前一亮。

☐ 后悔不该画在笔记本上，应该用漂亮的图画纸。
　　"可是，要不是乱画根本就画不出来啊~~"

☐ 初恋是美好的回忆。

☐ 一旦喜欢上对方,就无论如何也做不到"只是远远地观望"。

☐ **找各种话题打招呼,总是装作无意似的跟在对方身旁。**

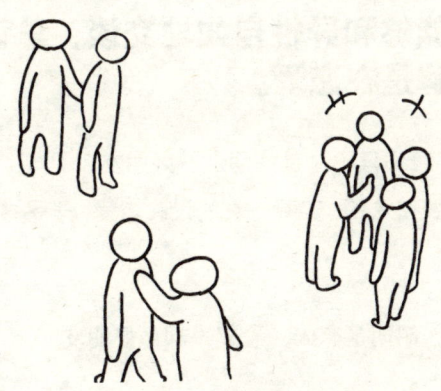

☐ 不管多么努力地掩饰,群众的眼睛始终是雪亮的!

☐ 更何况自己还会口无遮拦到处乱讲。

☐ 在单相思的过程中,随着对方的一举一动,或喜或忧。

☐ 和恋人约会时很兴奋。

☐ 不过,渐渐就嫌"很麻烦"。

- **年轻的时候,喜欢那种"大众情人"。**

- 有很多竞争对手。
  不过坚信一定是自己取胜。

- 这份自信还真不知道是从哪儿来的。

- **因为能够和异性自如地交谈,总让周围的人误解是在恋爱。**

- "哪有,我们只不过是好朋友,好朋友!",
  听起来像在炫耀,实际上真的没在恋爱,于是多少有点儿郁闷。

- 反过来,明明是恋人,看起来却像好朋友。

- 像亲友那样无话不谈的交往方式最舒服了。

- 但又不想浓得化不开。

- 对于"友达以上、恋人未满"的暧昧关系,会感觉很郁闷。

- 到底是朋友还是恋人,喜欢还是讨厌,你给我明确点儿!!!

- [ ] **有时候会把人折腾得团团转。**

- [ ] ↑不是有意的。

- [ ] 只是想把对方改造成自己喜欢的样子。

- [ ] 你，做这个！然后，做那个！要求越来越多。

- [ ] 啊啊，他/她发飙了！

- [ ] 结果……人家跑掉了。

- [ ] **基本上容易一见钟情。**

- [ ] **曾经纳闷"为什么会迷恋上那家伙"。**

☐ **即使有"固定恋人",还是会心猿意马。**

☐ 只不过绝不实际出轨,更别说脚踩两只船。

☐ 因为那太麻烦啦。

☐ 非但不擅长说谎,还很容易露出马脚。

☐ 感觉一旦降温,就想迅速和对方说"拜拜"。

☐ 那段感情之所以还拖泥带水,是因为还没有真正冷却。

☐ 一旦下了决心,就会讨厌那个人的一切。

- [ ] 喜欢肌肤之亲。

- [ ] 也喜欢牵手散步。

- [ ] 但在人前黏黏糊糊的,会很害羞。

- [ ] 看不惯情侣在电车里卿卿我我。
  "你们搞错地方了吧?"

- [ ] 虽然这样说,其实自己也曾如此。
  "那时候年轻嘛。"

- [ ] **看起来很大度,没想到竟是个醋坛子。**

- [ ] 密切地关注对方的言行。看看有没有什么可疑的蛛丝马迹。

- [ ] 一旦感觉"嗯?有情况!"马上变身福尔摩斯。

- [ ] 对方背叛自己后,要是痛哭流涕地忏悔,就会原谅。
  "但是不要以为还会有第二次!"

5 程序

- [ ] **不擅长耍手腕。**

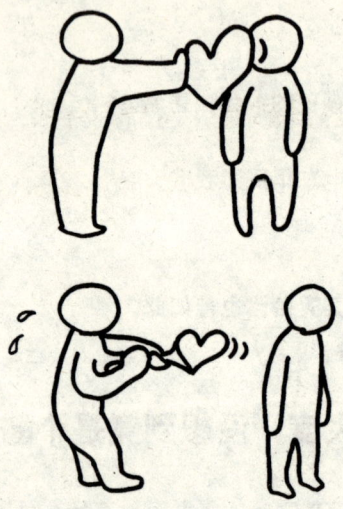

- [ ] 觉得那样很累，也不喜欢进退之间的妥协。

- [ ] "恋爱中"的感觉很好。

- [ ] 所以，想一直恋爱。

- [ ] 无论几岁，恋爱过多少次，都会专一地付出真心。

6 遇到问题・故障时　　自我崩溃

□ 偶尔，莫名其妙地"心情阴郁"。

□ 不过，第二天就恢复正常。

□ "到底因为什么呢"，自己也很迷惑。

□ 在家里动不动就耍脾气。

□ 冲着电视机发火，或者乱扔东西。

□ 不过，虽然脾气不太好，发飙却难得一见。

☐ 稍有点不高兴，就满脸笑嘻嘻。注意，皮笑肉不笑！

☐ 再上点火，十头牛也拉不回来，脸变成铁板一块。

☐ 真正怒极，却反而冷静了。冷冷地、很客气地、淡淡地……教训对方。

☐ 要不就是大吼大叫、暴跳如雷，完了，已经失控了！
步步紧逼，绝不给对方逃走或回嘴的机会！
除非对方诚恳地道歉，否则绝不原谅。
"你给我好好道歉！"

☐ 情绪暴躁时，整个人也会变得野蛮而粗鲁。

☐ 一旦抓狂，就分分钟可能失控。

☐ 抓到什么就扔什么。

☐ 如果有人不幸在场，受伤的可能性相当高。
"友情提示：紧急逃离现场。"

☐ 哭过之后，爆发之后，不可思议地轻松了……像是什么也没发生过。

☐ 肚子一饿,便突然沉默不语。

☐ 饿得要命!却没一点儿吃的!乌云轰隆隆地罩过来了,接下来雷雨大作。

☐ 惨叫连连"我饿死了~饿死了啦!"一边想方设法寻找食物。

☐ 饿到极限,终于动都不能动。

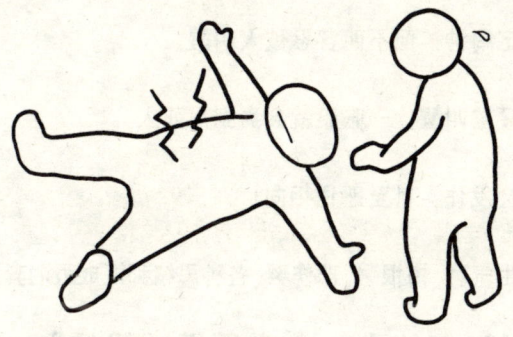

☐ 一旦补充食物,整个人就跟充电般振奋起来。

☐ 可要是很难吃,会更委靡。

☐ ↑埋怨个没完没了,心情急转直下。

☐ 时常被莫名的责任感拖得很郁闷。

☐ 真的很闷闷不乐。

☐ 还必须勉强戴上微笑的面具。

☐ "我为什么非要掩饰自己？"于是更加抑郁。

☐ 有起床气。

☐ 可以定闹钟，但不能容忍被人叫醒。

☐ 如果硬被叫醒，一张脸就会臭到熏死人。

☐ 不但会发作，甚至恶语相向！

☐ 一旦生气啊，悔恨啊，悲伤啊，各种思绪都汇成眼泪奔流出来。

☐ 面对讨厌的人，会变得很"恐怖"。

☐ 会做出许多令人发指的事。

- [ ] 心理压力大到超出可承受范围时，思维的保险丝就烧断了。

- [ ] 尽管在紧急状态下，"自我操作模式"会自动接续，但完全不知道自己在说什么做什么。

- [ ] 于是，在一片空白的状态中，残局被收拾了。

- [ ] "妄想力"惊人。

- [ ] 而且是让人振作的"积极妄想"。

- [ ] 失去自信后，想钻到桌子底下。
  "拜托不要窥视！"

- [ ] 酒后失忆，胡言乱语。

- [ ] 但还知道自我控制。

- [ ] 酒醉时除了变成"话痨"，还会一直傻笑，甚至号啕大哭。

- [ ] 一句话，发酒疯。

6 遇到问题·故障时

☐ 心理压力一大就开始发胖。

☐ 看起来不可思议，不过自己却很清楚原因。

☐ 因为大吃，因为大喝，因为不运动。
没什么不可思议的。

☐ 所以，肠胃会发出警告：已经到极限了哦！

☐ 甚至还会发高烧。

☐ 额头上仿佛能"咝～～"一声冒出水蒸气。

☐ 烧得越高，反而心情越好。

☐ 明明可以充分地休息，却有什么东西在动——高烧兴奋症。

7 存储器·其他   记忆／日常

- **以前比现在更热血沸腾。**
  - 每当想到那时候的自己，就悄悄地难为情。
  - 小时候，喜欢成为团队的中心。
  - 很容易当头儿。
  - 但并不是逞威风。

- **记忆力马马虎虎。**
  - 但古怪的事情记得格外清楚。

- **很多事都是凭"五感"记忆。**
  比如说气味，或者当时的氛围。
  - 关于食物的记忆出奇地清晰。

- [ ] 小时候,会去保护那些受欺负的孩子。

- [ ] 但是却欺负那些欺负人的孩子。

- [ ] 想要成为正义的使者。

- [ ] 甚至幻想使用魔法。

- [ ] 不过是小打小闹,比如"想对必须起身才能拿到的东西念个咒,来来,自己飞过来~~"。真是滥用!

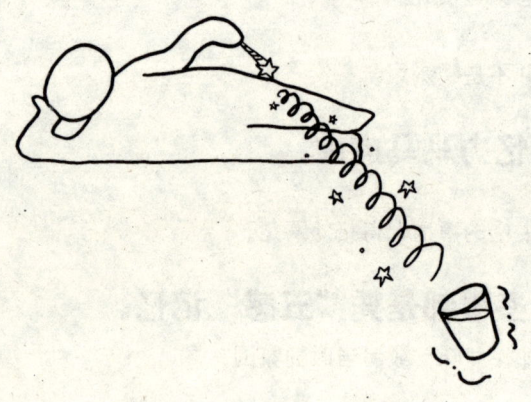

- [ ] 曾经是个对大人直言不讳的孩子。

- [ ] 有时候被父母说成"窝里横"。

- [ ] 心想:"虽然不完全对,但的确如此。"

- [ ] 小时候曾经"离家出走"。

- [ ] 在一种突发动力的驱使下，走到难以想象的远方去。

- [ ] 而且还知道坐电车什么的。不要轻视小孩！

- [ ] 小时候，曾经出人意料地去远方"冒险"。

- [ ] 大冒险的最终胜利者，当当当当！就是"魔王"父母！

- [ ] 进攻武器是"训斥"。

- [ ] 一击就被打垮。

7 存储器・其他

☐ 曾经陷入阴沟。

☐ 或者掉入那种掏粪式的室外厕所。"噗通……"

☐ 还落入过水池或者稻田里。

☐ 也从单杠上……摔得很惨。

☐ **希望快快长大自由生活。**

☐ 但也曾认为"大人们都很无聊"。

☐ 自己长大后可不想成为那样的大人。

☐ 即使长大,也不会忘记保持童心。

☐ 在学校的课间,不可能乖乖待在教室里。

☐ 非常期待轮到自己帮忙准备营养午餐。

☐ 不知道为什么,就是喜欢和食物打交道。

☐ **吃饭的时候,经常是两碗以上。**

☐ 面对突然而至的雪天或者暴雨天，会十分兴奋。

☐ **用脚来关门或抽屉。**

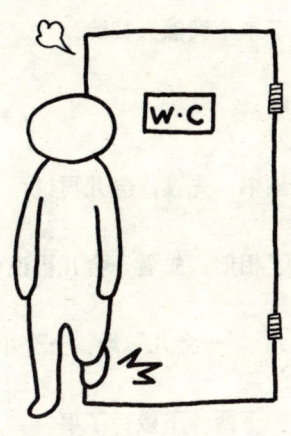

☐ 不善于在记事本上密密麻麻地记录。

☐ 因为根本就没有记事本。

☐ 非买不可的时候，也能拖就拖。

☐ 更不幸的是，到哪儿都没有自己"style"的记事本。

☐ 一提笔就已到了年中，所以前几个月的页面都是一片空白。

☐ **很怕打扫。**

☐ 觉得乱七八糟才像"自己的房间"。

☐ 不过也会冷不丁来个突然大扫除。

☐ 该从哪儿下手啊?

☐ ↑中途发现漫画书。先读一会儿再说!

☐ 在壁橱里发现了相册。先看一会儿再说!

☐ 就这么"一会儿""一会儿"地,一个小时过去了。

☐ 算了,最终东一下西一下敷衍了事。

☐ 到下次整理之前,永远不会去收拾。

☐ **很少改变屋内家具的摆放位置。**

☐ 一开始放在那里,就永远固定在"那儿"。

☐ 移动的位置要是不够好,就会一直耿耿于怀。

□ 受伤之后，竟然情绪高涨。

□ 讨厌打伞。

□ 戴斗笠或者穿雨衣还不那么麻烦。

□ 但这样很另类……所以还是算了。

□ 比起手拎，更愿意背包。

□ 喜欢便于走路的鞋子。

□ 喜欢轻便的运动鞋。

□ 所有鞋中，最舍得为运动鞋花钱。

7 存储器·其他

☐ 几乎不挑食。

☐ 一粒不剩地全部吃掉，不然太浪费了。

☐ "绝不原谅那种剩饭的家伙！"一边说着，一边把别人盘子里的剩菜端过来吃掉，剩下太可惜了。

☐ 很关注新推出的食物，一早就去试吃。

☐ 甚至知道只在哪里出售，明明自己不在那个地区。

☐ **做菜的时候，不尝咸淡。**

☐ 估摸着差不多，"唰"，一勺调味料倒下去。

☐ 做完之后，厨房跟刮过飓风似的惨不忍睹。

☐ 喜欢网购。

☐ 收到后打开一看,往往又很失望。

☐ 但又觉得退货麻烦。
怎么办好呢?姑且放到壁橱里。

☐ 干脆送人。

☐ 装出很热情的样子:"哎呀,我很喜欢的,送你了!"
好不容易才买来的,就算不用也舍不得丢掉嘛!
就是这样任性。

☐ 懒得去理发店。

☐ "家人或者朋友要是理发师就好了~~"

☐ 要么,"自己会剪也不错"。

☐ 但自己只能剪刘海儿,其他的怕剪坏了不敢剪。

☐ 闹钟只响一次是起不来的。

☐ 要响三次或者准备三种叫醒方式。

☐ 休息日会睡到太阳晒屁股。

☐ 起来的时候已经不是早上了。

☐ 那么继续睡吧,睡到天荒地老。

☐ 肚子饿了,吃点儿东西,接着再睡。

☐ 天黑时分,回首一天,开始焦虑。
"今天"结束了?晕!

☐ 适合穿运动服和休闲T恤。

- □ **去购物时,总是忘记买最重要的东西。**

- □ 就算带着清单去也是一样。

- □ 可是却会买回一堆计划外的东西。

- □ 曾经因疏忽一屁股坐在马桶盖上。

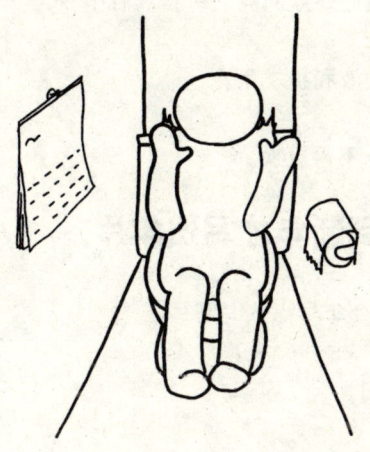

- □ "呜哇"大声惊叫,然后一个人在厕所里发出恐怖的大笑。

- □ 要是需要为厕所补给卫生纸,就会不耐烦。
  "前一个用厕所的家伙,应该换完了再走!"

7 存储器・其他

☐ 洗衣服时不掏衣兜。

☐ 纸币啊，手纸啊，搅得黏黏糊糊。
手机也成了一块废铁。

☐ 顺带一提，手机曾经掉到水池里。

☐ 浴缸买长的还是短的呢，可惜没有中号。

☐ 很挑剔洗发液和护发素。

☐ 认准一件，不再更换。

☐ **总是快到新年才写贺年片。**

☐ 于是想："今年早点儿写吧！"

☐ 但年年依旧。

☐ 买完彩票就俨然已经中奖了。

☐ 认真盘算怎么花个痛快！

☐ 不过，要是没中也不会太失望。

- **☐ 去吃自助餐，为了捞回本儿，吃不下也撑。**

  ☐ 回来的路上，不是"吃饱了，满足"，而是"太痛苦了，啊～～我的胃都要爆了！"

  ☐ 袜子穿到脚底下漏洞。

  ☐ 内衣穿到失去弹性。

  ☐ T恤穿到领口松懈。

  ☐ 休闲裤的膝盖容易鼓出大包。

- **☐ 喜欢光顾几元店。**

  ☐ 但不满意的是，这样的东西往往很容易坏，有的还不好使。

  ☐ 所以，淘到物超所值的东西就会异常激动。

7 存储器·其他

☐ 洗衣粉和牙膏等日用品经常断货。

☐ 想着"快要用完了,得赶紧购买",最终还是忘了。结果总有一两天没得用。

☐ 自己的日常生活其实很平常。

☐ 已经厌烦了一成不变的生活。

☐ 不过,其中也会有小小的乐趣。
  偶尔买一整个蛋糕,或者周末喝点小酒,再不然就欣赏每周一次的电视节目。
  虽然很不起眼儿,却有说不出的幸福。

8 模拟实验 　　这时的 O 型会如何

□ 童话《奇幻森林历险记》

兄妹俩被父母抛弃在森林中。如果两个人是 O 型：

→首先确保自己有个窝儿，然后满地转悠着寻找食物。

偶尔觉得这样也很好，像是在野营。渐渐地，觉得回去麻烦死了，干脆做森林的主人。

□ 民间故事《桃太郎》

桃太郎因为糯米团子而交到朋友，共同作战。如果他是 O 型：

→会燃烧起正义感："我们并肩作战吧！！"虽然是在一个和自己毫不相干的小岛上。

小狗、猴子、野鸡，还有朋友、邻居、猫、熊、虎、马、鹰、猪……

不知不觉，伙伴召集得太多了，多得数不过来。

甚至跟鬼也很投脾气，人家在一起聚餐吃火锅。

恭喜、恭喜！

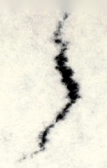

□ 童话《北风与太阳》

是谁让游客脱掉了外套？如果有一方是O型：

→如果是太阳，并不是让旅人脱下大衣。

而是卯足劲把他晒得跟炭一样黑，对，晒伤最好！

如果是北风，则会找不到游客的踪迹。

因为吹得太猛烈，而把对方吹去了爪哇国。

之后才注意到："糟糕！用劲过头了！"

☐ 童话《哈默林的吹笛手》

替村民去除鼠患之后，村民们却食言而肥，没有给予报酬。于是吹笛手为了出气，把孩子们藏了起来。如果他是O型：

→马上放小孩子们回家，因为懒得照顾他们。

在下一个城市，会十分夸张地炫耀："如此如此，这般这般，我就是这么报复他们的"。最终成为酒场上的英雄。

一条街一条街、一个城一个城地重复同样的故事，最后都忘记在哪些地方说过了。

☐ 童话《金斧和斧头》

你丢的斧头是金斧子、银斧子，还是普通斧子？如果樵夫是O型：

→金的？金斧头？！当然想要！

接着侃侃而谈自己所知道的关于金斧头的知识，试图说服女神相信。

结果女神心情大好，把金斧子给了他。

OK！完成任务。

8 模拟实验

☐ 童话《龟兔赛跑》

比赛谁跑得快。如果兔子是 O 型：

→全力以赴地冲刺！已经看不到踪影。

然后会等在终点前，当着乌龟的面跨越终点线，并得意嚣张地一笑。

☐ 童话《蚂蚁和蝈蝈》

在蚂蚁异常忙碌的夏季，蝈蝈儿每天忘我地歌唱。

终于冬天来了……如果蝈蝈儿是 O 型：

→开办现场演唱会。展露夏天组团乐队的每日特训成果。

赚取大笔入场费，顺利储备好冬天的积蓄。

已经决定第二年夏天进行巡回演出！一定将气氛掀到更高潮！

□ 童话《小红帽》

虽然被大野狼吃掉，不过最后却是被救出来的happy endding。如果她是O型：

→奉命给外婆送东西。

不知为什么，总惦记篮子里的食物。

好想吃、好想吃、好想吃，就这样在途中一点儿一点儿地蹭着吃。

再吃一口就好了，再吃一口就不吃了。

等走到外婆家门前，已经全部吃光光。啊，太丢人了！我还是先偷偷回转吧！

□ 童话《白雪公主》

因吃了毒苹果而死掉。如果白雪公主是O型:
→老妇人拿出苹果→犹豫→思想斗争的结果是吃掉→大口吃苹果→?→没有死→为什么呢？→避开了有毒的地方→觉得那里不好吃→没想到还是个美食家→老妇人阴谋无法得逞，肃然起敬→剧终。

□ 民间故事《鹤的报恩》

白鹤来到人间并化身为人以报答救命之恩。如果仙鹤是O型:
→"请一定不要开门！绝对不要哦！没问题吧？不可以开哦！"反复叮嘱，再把织布间的门打开10厘米左右，准备完毕。

对看到全过程的老爷爷和老奶奶说:"都看到这份上了,索性再多看一会儿吧！"

☐ 童话《卖火柴的小女孩》

在大雪中拼命地叫卖，无奈没有一盒卖出去。如果她是O型：
→ 上门推销，如愿以偿进入屋内取暖。和太太们聊得天花乱坠，甚至忽悠得人家拿出红茶和点心招待。嗝～～不好意思，吃完了，请再来一点吧！

☐ 童话《皇帝的新装》

孩子们指着他笑起来，"那个国王，没穿衣服！哈哈。"如果周围的大人是O型：
→ "什么什么？集会？哇！"
于是飞奔去参加盛装游行。
"国王，您可真牛啊！"然后爆发出狂笑。

8 模拟实验

□ 童话《三只小猪》

小猪三兄弟决定盖一所属于自己的房子。如果它们是O型,
→会建一座钢筋混凝土的高楼大厦。

在那里创建自己的公司,虐待前来面试的狼并不断挖苦讽刺。

"你都做过什么啊?哦,破坏房子?袭击小山羊,吃掉老妇人和小女孩?哼哼!休息日冲着远方狂嚎?您的业绩还真是惊人呐~~"

9 计算方法　　　　　O型指数检测

所有项目的测试都已经确认完毕。

如果还觉得不够，就再尝试着深入了解自己吧。

接下来，咱们来看看自己的O型指数。不过，一个个数起来很麻烦，大概估摸一下就行了。来，从下面的选项中勾一个吧。

A 所有的都画勾。

B 平均每页只有一两个没画勾。

C 平均每页有四五个没画勾。

D 一整页都几乎没画勾。

〈结果〉

A 很容易燃烧热情，但有时会受伤。不过，就算烫伤也没关系！得麻烦你们帮忙灭火啦！我自己可做不到。

B 明明在大家面前很聒噪，一个人独处时却突然没了声音。虽然很极端，要是善加利用还会成为厉害武器。搞不好已经起作用了。

C 本打算装酷，但还是暴露了本性。也常常在大庭广众下丢脸，不过忘记是什么时候了。

D 因情绪失控而大发飙，管你是谁、在哪里、什么时候，这

些通通都不管！不修边幅，邋遢到"扰民"的程度；不过帅气时也一样。

各位辛苦了。不过，
这本说明书其实还没结束。
上面的结果都是骗你们的，所以请忘记它吧。
不过，各位看了结果有什么反应？
从下面选一个吧。

1 **不知道准确与否，总之很爆笑。**
2 **嗯，或许是那样。原来如此~~**
3 **哼，什么嘛！有点儿瞧不起这本书。**
4 **啊~~嗯嗯。怎么都好，啊哈哈。**

〈结果〉
1 **这就是 O 型。**
2 **这个也是 O 型。**
3 **这个依然是 O 型。**
4 **这些通通都是 O 型。**

总之，这就是 O 型指数。同样是人，同样是 O 型，也有千差万别。自己认为 O 型人是这样，那你就是"O 型"。这样不就得了？

后记

☐ 不为人知的一面被发现了。

☐ 虽然经历过许多事,但我还是活出了自己喔。

☐ 我还是最喜欢O型人!

"这就是O型人。"

以上并不是O型人的全部。
也不是只有O型人才适用。
更别说自己是O型人就一定要这样。
一样米养百样人,所以我就是我,
你就是你,他就是他。
每个人都在创造着独特的"自己"。
那是世界上独一无二的人,
在独一无二的岁月里,
汇集各种片断,拼合而成的独一无二的东西。
怎么可以把自己封锁在这样一个小小的世界里呢?
只是,能够让别人快乐的事情真的很多很多,
所以,如果能够帮助那些迄今为止不了解自己的O型人,

或想要深入了解O型人的非O型人一点小忙的话,
现状说不定就会变得更加美好。

最后,协助我写这本书的那些O型朋友,读这本书的读者,以及各位支持我的伙伴,还有负责这本书的工作人员,谢谢你们!

Jamais Jamais

附录一

2009 年,"最潮血型说明书"high 翻天

当今日本最红的血型书系列

2008 年底,日本十大畅销书的排行赫然揭晓!

除外来巫师会念经,《哈利·波特》稳占排行榜第一外,此中最大的赢家,毫无疑问是一套四本的"最潮血型说明书"系列!

《O 型人说明书》荣登第四,《B 型人说明书》、《A 型人说明书》以及《AB 型人说明书》则分别占据了三、五、九的位次。乍一看实在是抢眼。

在日本,血型书的风潮由来已久,由于日本人非常相信血型与性格和命运密切相关,书商们每年都会投入大精力来策划、出版上千种血型书。可是历年来,能闯入十大畅销书排行榜的寥寥无几,能全套四本一齐闯入的更是前所未有!

这套书也创造了销量上的奇迹——从2008年8月起,上市才两个月,就已经狂销500万册!不仅如此,任天堂公司还根据这套书改编出一款与血型有关的游戏,名为"每个人的性格:A型、B型、AB型和O型",在日本很是走红。

结合销量和口碑,这套"最潮血型说明书"系列,已俨然成为日本最红的血型书系。

这套血型书不一般

一本起初只自费印刷了1000本、且作者默默无名的小书,是怎样如一匹黑马般杀出数千血型书的汪洋?仅是解析血型,就能成为它登上十大畅销榜、并且至今狂销560万册的理由么?

并非如此。这套血型书,有着相当的独到之处。

首先,它们异常犀利,简直就是将各个血型人的性格一一放在手术台上解剖般深入详尽。并一扫人们心目中固有的成见,揭露出各个血型真正的、不为人知的一面。

其次(这也是最重要的!),它们并非传统的干巴巴的理论分析,而是实在又简单的"使用说明"!

正如所有商品都会附送一本说明书,以《O型人说明书》为例,它正是一本为想了解自己的O型人,以及非O型人却想知道O型人真面目的人写的"O型人使用说明"。本书将O型人视为一种生物机器,详尽解析其个人基本操作、与他人的外部接触、兴趣、特长等各种设定,工作、学习、恋爱等程序设计,自我崩溃时的故障,

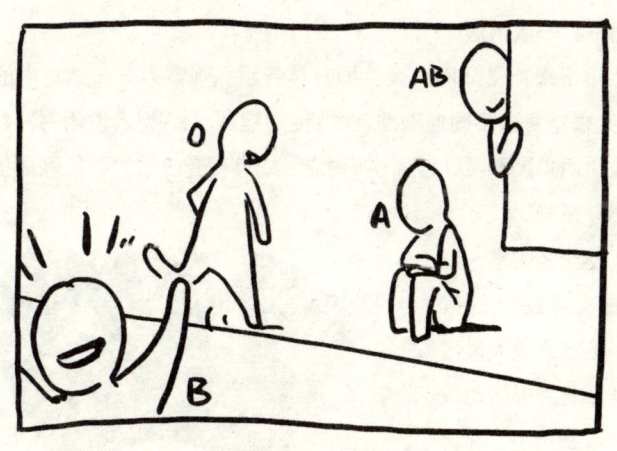

当老师说"不要跨越这条线"之后,各血型学生的反应。

日常记忆的内存,以及最后O型血性格的自我检测等,数百条说明选项,一目了然。

所有的商品都有说明书,人也应该有。对血型的说明书,最为方便他人使用。

认同感很重要

"哇咔,这明明就是区区在下小生我嘛!"读这本书时,如果你是O型人,一定会忍不住发出这样的惊呼。

强烈的认同感,是"最潮血型说明书"系列热销的又一个原因。

作者Jamais Jamais,本身并非职业作家,而是一位建筑设计师。写作也并非为了出名赚钱,而只是为了自娱自乐、馈赠亲友。然而,在其第一本书《B型人说明书》自费出版后,却在社会上引起了轰动。嗅觉灵敏的大出版社闻风而动,迅速联系到作者,对《B型人说明书》一版再版。

接下来,交际圈广大,同时具备超强观察力与归纳能力的作者,又根据身边不同血型朋友的特色,编写出《A型人说明书》、《AB型人说明书》和《O型人说明书》,成为一套四本的"最潮血型说明书"系列。

这个系列刚一出版便获得巨大的成功!连东京最大最出名的三省堂书店也放下架子来引进;在日本最著名的12家书店,这套书霸占排行

跟风的《各血型女性说明书》系列

榜冠军至2008年底,并一起登上2008年日本十大年度畅销书的榜单!

迄今(2009年4月),"最潮血型说明书"系列,已热销超过560万册!

跟风书系

"最潮血型说明书"系列一炮而红!

此时,日本的出版商们才发现,原来人类也可以像商品一样,被系统而详细地说明。而从内到外地解析人类这种生物机器,原来是这么有趣。于是,日本书市上顿时引发了"说明书"热,并且衍生出一大批跟风之作。

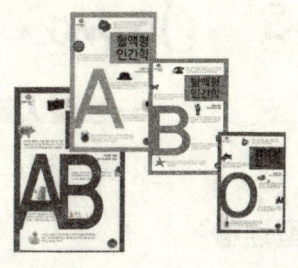

韩国也跟风!正热卖的一套四本血型说明书。

包括《青春期说明书》、《独生子女使用说明书》、《女性血型使用说明书》、《妹妹说明书》、《爱猫人说明书》、《爱狗人说明书》……这些书都创造出了不凡的销售业绩,不能不说,这多半是"说明书"这一形式的功劳。

而"最潮血型说明书"系列,又当之无愧是说明书系的开山鼻祖。或许未来在中国,我们也会看见形形色色的说明书,而我们自己或许也会有兴趣亲自动手,来写一本关于自己的说明书。

附录二

I'm Jamais Jamais
（作者官网 Logo）

Jamais Jamais
——血型人最透彻的密友

难以想象的"血型迷信"

在日本，无论是征婚征友还是找工作，人们常会听到一句问话："你什么型？"

这个"型"可不是造型，也不是性格，而是——

血型。

没错，在日本，有着不可思议的血型迷信。根据立命馆大学心理学系的国民调查报告，有80%的日本成年人相信血型能决定一切。美联社评论：在日本，血型甚至可以决定一个人的命运。

为此，婚介公司向征婚人提供血型匹配度测试；一些企业依照血型录用员工、安排岗位；幼稚园把小朋友按血型分组看管；就连在北京奥运会上夺得女子棒球冠军的日本队也依照队员血型制定不同的训练方案。而日本的出版物中，血型书占据了相当的大头，每年都有成千本出版、发行。

这种血型迷信风潮不仅影响人们的日常交往、就业，连在政党竞选、商业招标等重大活动中，候选人也要先标明自己的血型。现任日本首相麻生太郎，就通过在个人官网上标注自己是A型血，而打败了身为B型血人的政治对手小泽一郎。

真可谓是个全民迷信血型的社会！

O型很狂妄吗？

根深蒂固的血型迷信底下，是根深蒂固的偏见。

"A型人循规蹈矩、尊重上级；B型人单纯、散漫；O型人乐观进取、有创造力；AB型人虽说有点摸不透，好歹还有A型人严谨的一面……"

粗心鬼

相比起被严重歧视的B型人（有些征婚和招聘启事中会专门标注不要B型人喔），在日本，O型人算是运气相当好的啦！说到底，日本的所有血型中，O型比例可是仅次于A型，属于第二大的"势力范围"！公司招聘呢，也会觉得O型人有干劲、会交际，相当适合做外联呢。

不过，任何事情呢，都有"负面"。

在人际交往和工作接触上，O型人也有着挺讨人嫌的地方。

"粗枝大叶！总有些边边角角要你擦屁股。"

"是很乐观啊，可是情绪 high 到让人没法接受……"

"聒噪死了！哪来的马戏班？"

对了，恋爱上也有问题！

"花心大萝卜。"

"自己走得飞快，还抱怨别人跟不上步伐！"

如此如此，这般这般。

这是人们心中的普遍观念（你有没有觉得耳熟呢？）。好像条件反射似的，大众在接触到一个O型人的时候，尚未探索他的内心和真实态度，就已经不由自主地在对方身上"啪"一声盖了个戳。

拜托！O型人也有细腻的那一面

这一切"傲慢与偏见"的状况，终止于2008年！

因为一位神秘人物 Jamais Jamais 横空出世！

Jamais Jamais 出生于东京，从事的是创意性的工作——建筑设计。这是一位不折不扣的神秘人物，至今也没有任何人知道他的年龄和性别！不过，我们晓得他/她极具天才、并有着常人所不具备的敏锐观察力和超强感受力就是了！

或许有人会质疑，"他/她又不是O型人，怎么可能写得准确！"（作者应该是B型人。）

不对。真正的天才是跨越一切领域的。且看《O型人说明书》

在日本是如何大卖,又如何冲上 2008 年日本十大年度畅销书的第四名,就知道它有多被 O 型人认同了!

真正的 O 型人是什么样子?

"但,还是故意按下去。哟~~"

"是个老好人,再非分的要求也没法说'不'。"

"其实,心地非常之柔软。"

……

"这才是真正的我嘛!"许多 O 型人,看后会这样说。

这是一本真正具有里程碑意义的作品。因为,它让整个日本社会的观感为之改变。很多非 O 型人,开始了解到 O 型人"手舞足蹈、漫天撒欢"的背后,也有着一颗细腻、温和与感情丰富的心;而 O 型人,也能拿着这本书,大大咧咧地向对方介绍自己:"嗨,我呢,就是这个样子的。和你们想象的可是完全不一样!"

这样,才是作者希望看到的吧!

考试前一天,各血型人是这样聚在一起复习的。

附录三

有趣！你所不知道的血型常识

什么是血型

血型是对血液分类的方法。

全世界的人类中,一共存在着三十多种血型。但占据绝大部分的,是 ABO 血型系统。

ABO 血型系统,也是人类最早认识的血型系统。1900 年,奥地利维也纳大学病理研究所的卡尔·兰德施泰纳发现,健康人的血清对不同人类个体的红细胞有凝聚作用。如果把取自不同人的血清和红细胞成对混合,可以分为 A、B、C(后改称 O)三个组。后来,他的学生 Decastello 和 Sturli 又发现了第四组,即 AB 组。

这样,我们就有了四种最基本的血型:A 型、B 型、O 型和 AB 型。

血型的出现顺序

O型血是一种古老的血型;A型血是第二常见的血型;与O型和A型相比,B型是人类学上较晚出现的血型,这类人是最早习惯于气候和其他变迁的游牧民族,也叫做游牧血型。AB型为最晚出现、最稀少的血型,占总人口不到5%。

A/B/AB 都可以变成 O

科学家近日在最新一期美国《自然生物工艺学》杂志上发表论文说,他们找到了可以将A型、B型和AB型血转化成O型血的方法。如果这种方法在临床上被证明是切实可行的,无疑将大大缓解世界各国都存在的血液量不足的问题,并可以"源源不断"地生产出可供各类血型患者输血时使用的"万能"O型血。

世界的血型分布

如果将全世界看做一个大村落,那么,O型血占63%的人口,A型血为21%,B型血为16%,AB型则不到5%。

但不同种族、地区的人的血型分布也不一样。哪怕是同一种族中，不同的族群也会有差别。

欧洲社会至今仍然是A型+O型社会，并且O型的比例要高一些。

在亚洲，B型是最典型的血型，但并不是说亚洲人中B型最多，而是亚洲的B型比例在世界范围内是最高的。几个B型比例最高的国家全部出自亚洲，如印度、蒙古。

在日本，A型血最多，紧接着是O型血，然后是B型，最后是AB型。

现在是我们的中国：根据《人类血型遗传学》中的调查，中国大陆各民族ABO血型比率是A占27.9%，B型占29.2%，O型占34.4%，AB型占8.5%。哇，O型人可是当之无愧的第一大家族！

中国的血型分布

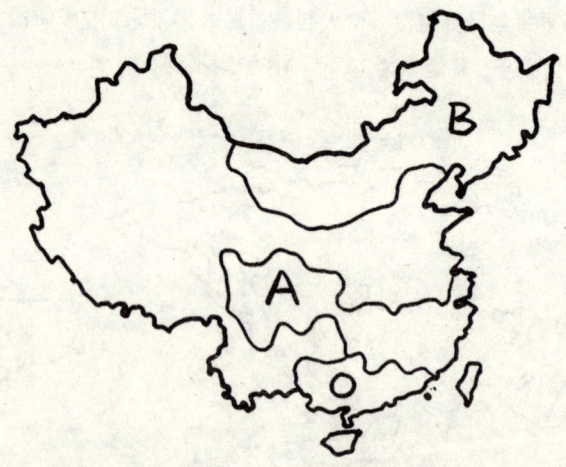

中国A、B、O型分布最多的地区

汉族原来也是 A 型血比例最高的民族。但由于以 B 型血为主的北方游牧民族入侵所造成的混血，使华北沿长城一带的 B 型血比例很高。蒙古族、满族的 B 型血比例都相当高，达到 40%。

A 型血比例最高的地区，是上海、湖南、江西和四川。

广东广西、福建和海南人以及大部分南方少数民族 O 型比例最高，占总人口 40% 以上。

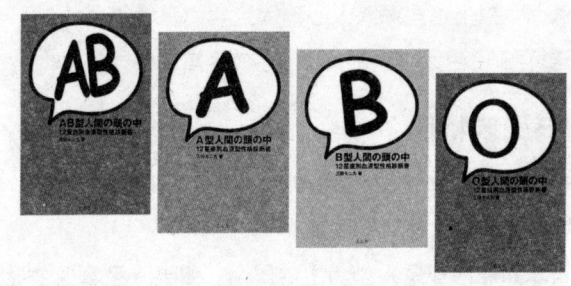

跟风书系之《各血型人与十二星座》

血型与性格

从血型发现伊始，人们便逐渐发现，同一血型的人，性格上也有着若干相同之处。那么，血型是否真的影响、甚至决定了性格？

最早提出"血型性格说"的，是日本学者古川竹二。1927 年，古川作出"人因血型不同，而具有各自不同的气质；同一血型，具有共同的气质"的论断。他认为，A 型内向保守、多疑焦虑、富感情、缺乏果断性、容易灰心丧气；B 型外向积极、善交际、感觉灵敏、轻诺言、好管闲事；O型胆大、好胜、喜欢指挥别人、自信、意志坚强、积极进取；AB型的人兼有A型和B型的特征。

现在，有关血型和性格的关联研究已经持续了近80年，尤其是在日本和韩国，"血型性格论"已深入人心，从谈恋爱到找工作，大家都会先拿出血型进行衡量。

20多年前，"血型性格"学说一度传入中国，并且以汹涌之态留下了相当深的心理烙印。父母辈的人，普遍觉得A型人最博爱，B型人很自私，O型人富有创造力，AB型人性格比较分裂。

然而，以上这些深入人心的固定学说是对的么？

这可不一定哦，看看本书，你就会知道！

血型与民族特征

美国O型占46%，A型占40%。美国人崇尚自我意志、竞争和坦率等等，多与这种O型气质有关。

日本和德国都是A型为主的国家。如果A型掌握主导权，那么即使在同样的A型+O型的社会中，也会表现为强烈的集团归属感、重视原则、抑制个性、尊重规律、富于牺牲精神和坚持不懈等A型品质。欧美以A型居多的国家是德国，A型占45%，O型占41%的德国人，其踏实、精细和周密的国民性与日本人的确非常相近。

亚洲的特征是B型为主。印度、中亚、蒙古、中国北部、东北部和北朝鲜等，B型均占30%~40%，有的地方甚至超过50%。相对于重视逻辑、言行规范的西方文化，亚洲的思想更加空灵和飘逸。

以印度为发源地，散布于世界各地的吉普赛人是B型民族，正如从吉普赛人和蒙古民族身上所看到的，B型民族活动范围广大，喜欢四处漂泊迁徙，这同强调安定的A型+O型民族恰成鲜明对照。

之所以没有单一的B型国家或B型+O型国家，可能就是因为B型天性善于四处闯荡，并一视同仁地和其他种族混血。B型为主体的民族善于创造新的文明，却不善于发展这些文明。

血型真的影响性格吗？

但血型影响性格的说法，在血型的发现地——西方却鲜有人捧场。血型源于先天遗传，如果能决定性格，则说明性格是由遗传决定。但西方的心理学调查报告显示，人的性格只有30%~40%与遗

传有关，其余60%~70%来源于后天的学习、环境等影响。也就是说，性格更多由后天因素决定。

因此，"血型性格论"未能在西方流行起来。迄今为止，大多西方人对自己的血型并不关心，除非是出于医疗上的需要。

即使在血型迷信成风的日本，立命馆大学的一位心理学副教授也指出："这是一种迷信。把血型与性格联系在一起，不仅不科学，而且是错误的。"

问题就来啦！

那么，我们究竟要不要相信血型呢？

其实，压根儿不用想那么多。知道自己是O型人，知道O型有哪些可爱的地方和哪些讨人厌的地方，更重要的是，通过一一打勾，你能更加了解你自己，也更能向别人介绍你自己。这就够啦！

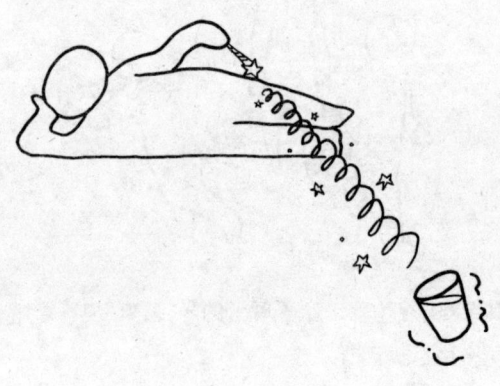

附录四

O 型名人大印证

默多克新闻王国的王后——邓文迪

"相当好战。"
"很会打如意算盘。"
"跟谁打交道有好处？到了这个地步，要怎样走才不亏本？脑子里噼里啪啦地'打算盘'，速度堪比电脑。"

——《O 型人说明书》

传媒大亨默多克的现任妻子邓文迪,身上集中了O型人"野心勃勃"的特质。

幼年时期,邓文迪一家六口住在一套三居室的公寓中;16岁时,她考入广州医学院。应该说,到此为止,邓文迪的经历和大多数中国城市女孩没什么不同。可是,O型人可是**"内心始终有股顽强的牵引力"**的哟!

1987年,18岁的邓文迪抓住了人生中第一个机会——她认识了一对来自美国加州的夫妇,并在他们的帮助下来到美国。不过,擅长盘算**"跟谁打交道有好处"、"到了这个地步,要怎样走才不会亏本"**的O型特质,令邓文迪做出了不太道德的事:她介入到那对夫妻的感情中,并在3年后成功踢掉原配,嫁给了那位先生。

不,一张绿卡绝非邓文迪的目标。她先后进入加州州立大学、耶鲁大学商学院,并取得了优异的成绩。凭借着O型人特有的冲劲,邓文迪又申请到了默多克传媒集团实习生的职位。

1996年秋,传媒大亨默多克到香港"星空卫视"总部视察。擅长抓住机遇的邓文迪想方设法弄到鸡尾酒会的入场资格,并凭借着O型人特有的**"善于随声附和"、"善于诱导话题"**和**"善于勾出他人的秘密"**,与年近70的默多克第一次见面就交谈甚欢,从此揭开他们忘年恋的开端。

1999年,邓文迪嫁入"默门",名字成功地变成"文迪·邓·默多克"。从此,总资产超过400亿美元的新闻集团诞生了一位来自中国的王后。邓文迪不是贤妻良母,她频频参与到默多克的商业决策中,并且运营得十分成功。这位O型血的精干女性,前途还远大着呢!

真正的奥斯卡女王——梅丽尔·斯特里普

"在与常规背道而驰的方向,有着异于常人的才华。"
"全身流淌着无尽的热血。"
"准确说,能读懂在场的每个人。"

——《O 型人说明书》

她是"穿 Prada 的女魔头",她是"法国中尉的女人",她是廊桥上等待了一生的主妇,她是背负着沉重十字架的苏菲……她,百变天后,梅丽尔·斯特里普,集中体现了 O 型人激情四溢的才华。

1949 年 6 月 22 日,梅丽尔出生于美国新泽西州一个叫萨米特的小镇上。最初,梅丽尔在瓦萨中学学习音乐,但不久后,她却发现自己在戏剧上有着极其强烈的天赋。

O 型人**"不会瞻前顾后地尝试,而是相反"**,凭着这一点,梅丽尔选择了耶鲁大学的戏剧学院进行深造,边学习边积极参加各种演出,并努力尝试各种角色。1977 年,她初次登上银幕,在影片《朱丽亚》中扮演一个小角色。

所有和梅丽尔合作过的导演都认为,在她算不上美貌的相貌底下,却有着惊人的悟性和感染力。梅丽尔的潜力被看中,第二年,她出演了越战片《猎鹿人》,扮演一个饱受战争摧残的妇女。O 型人能将他人的内心揣摩得极为细致,梅丽尔也不例外——她对角色混乱、苦恼、渴求、绝望的心理把握得极为出色,获得了生平第一次奥斯卡最佳女配角奖的提名。

从此,奥斯卡的橄榄枝再也没停止过对她摇曳。

《克莱默夫妇》、《苏菲的选择》、《走出非洲》、《黑暗中的呐喊》、《廊桥遗梦》……梅丽尔的每一部作品,都意味着"质量"和"经典"。而在31年的演艺生涯中,梅丽尔本人则获得15次奥斯卡提名,其中12次是最佳女主角奖,其提名次数创造出奥斯卡创办81年来前所未有的纪录!

"长盛不衰的常青藤",在好莱坞,人们这样评价她;被中国影迷尊称为梅姨的梅丽尔·斯特里普,一定还能给世界带来更加优秀的电影作品。

他比烟花寂寞——张国荣

"心地非常之柔软。"

"但绝不让人察觉到自己的失落。"

"有时候想一个人独处。"

"热心肠,且过分宽厚。"

——《O型人说明书》

优秀的艺人有很多,但传奇往往只有一个。逝世于2003年4月1日的"哥哥"张国荣,已经超越"影星"这个称谓,而成为人们心目中风华绝代的传奇。

张国荣1956年出生于富裕的服装商人家庭,自小父母离异,亲人聚少离多让他成为一个忧郁的少年。因为学校成绩不佳,父亲决定送他到英国念书,当时在英国他就偶尔会到餐馆唱歌自娱娱人,直到父亲重病,才返回香港。

1977年,张国荣一时兴起参加了歌唱比赛,想不到意外夺下亚军,于是他立即决心将歌唱当成一生的事业。起初的十年并不顺利,甚至可以说得上惨淡。然而O型人一旦认准目标便坚持不懈的特性,令他坚持了自己喜欢的事业,并成为电影、歌坛双栖的一代巨星!

事业如日中天,但张国荣却并没有演艺圈中常见的坏脾性。现实生活中的他,是一个公认善良、宽容、坚强、热诚,令接触过的所有人都赞不绝口的好人。

拍摄《红色恋人》时,张国荣给还是学生的梅婷许多耐心的指点;拍《霸王别姬》时,因为天气太热,他自掏腰包请片场所有工作人员吃冰淇淋;他尊敬师长、前辈,提携后辈和帮助每一个陌生人。正是O型人**"一知道别人有难,就没法坐视不管"**和**"在大街上也常助人为乐"**的完美注脚。

然而,抑郁症却让这位善良温和的巨星陷入低谷,并在2003年愚人节跳楼自杀,成为影迷们心中永远的遗憾。

成功打造总统丈夫——杰奎琳·肯尼迪

"相当要强。"

"是个十足的野心家。"

"你,做这个!然后,做那个!要求越来越多。"

"只是想把对方改造成自己喜欢的样子。"

——《O 型人说明书》

与肯尼迪总统的合影上,杰奎琳看起来很可爱,并以自己的丈夫为骄傲,完全是一个娇小、令人羡慕的小女人。然而,真正的她却离经叛道、雄心勃勃。在走马灯式的白宫女主人中,杰奎琳毫无疑问是美国人心目中真正的"第一夫人"。

杰奎琳出生在纽约一个中产阶级家庭,父亲是一个破落的银行家,母亲则是一个漂亮的交际花。正如一个典型的 O 型人,她很清楚自己要的到底是什么,而且怎样才能接近目标。在杰奎琳少女时代的一本笔记上,人们看到这样的句子:"雄心——决不做一个家庭主妇。"

1953 年,杰奎琳与约翰·肯尼迪结识。肯尼迪的身边曾经有无数的女人,一开始只是把她当做"餐后甜点"。但是,O 型人可是"**有很多竞争对手,不过坚信一定是自己取胜**"!不久,肯尼迪便不能自已地拜倒在她的石榴裙下。当完成婚礼的筹备时,杰奎琳满怀喜悦地在给女友寄去的邀请卡背面写道:"Na!(哪!)"简单的两个字母道出了一切:"我把他征服了!"

她取得了首战胜利。然而她盘算得更多。杰奎琳不仅要打造肯尼迪,还要和丈夫一起共同征服美国。她让肯尼迪改造"空军一号"、把白宫从一个寒酸的办公室变成金碧辉煌的所在……杰奎琳胸有成竹、自信、坚定地追求目标,在肯尼迪的身上留下了永不磨灭的烙印,令后者成为美国历史上地位十分重要的领袖。

固执到保守的女王——伊丽莎白二世

"冥顽不灵。"

"自己拿定主意的事,决不允许别人说三道四。"

"毫不在意他人的意见和劝告。"

"按自己的思路失败,总比听别人的意见后失败要好几百倍。"

——《O型人说明书》

现任的英国女王伊丽莎白二世,继承了其O型的皇族血液——理智、不做无谓的努力,以及**"越是被压榨,越能发挥潜能"**。

26岁时,伊丽莎白二世登上了女王的宝座。在给家人的一封信中,她指出自己身为女王的使命,并且暗示:在身份上她首先是女王，然后才是一个独立存在的个体"人"。在很多本描述女王的传记中，提到"她心中结着坚冰"。而查尔斯王子也承认，自己小时候曾渴望从母亲那里得到更多的爱。

诚如本书中所言，O型人和A型人天生便不是很合拍。当戴安娜嫁给查尔斯后，这位A型血的王妃便和O型女王爆发出相当大的冲突。戴安娜打破了死板的皇室礼仪以及宫廷中的冷漠。而伊丽莎白二世对戴安娜的那种"多愁善感"以及亲民形象感到吃惊。

尽管戴安娜的亲和力与微笑征服了整个英国，被民众亲切地称呼为"英伦玫瑰"，但伊丽莎白二世绝不会因此而改变自己路线！身为固执己见的O型人，会沿着自己从前规划好的道路一直走下去。

"乍看似乎对人没有喜好偏见"，其实，**"内心翻滚着喜恶的暴风雨。"** 据说，戴安娜于巴黎死于车祸之后，伊丽莎白二世在长时间里保持了缄默，直到她再次简短地公开表态。悲痛？人们观察不到。

身为O型人的伊丽莎白二世，毫无怨言地用义务来约束住自己，并且在自己身边**"筑起城墙"**，确保了自己和一切人的距离。

多情的天才音乐家——肖邦

"'恋爱中'的感觉很好。"

"所以,想一直恋爱。"

"无论几岁,恋爱过多少次,都会专一地付出真心。"

"感觉一旦降温,就想迅速和对方说'拜拜'。"

——《O 型人说明书》

天才音乐家肖邦的身上,带着强烈的 O 型人烙印:他天性浪漫、情绪多变,创作了大量有影响力的作品,其中很多都是来自于和女人恋爱时期,因此他被人们称为"在女人身上找音符"的音乐家。

肖邦的初恋情人是华沙音乐学院的女生康丝丹彩·葛拉特柯夫丝卡。肖邦 24 岁时,在华沙观赏歌剧后认识了这位少女,而且一见钟情。回去后,他一边思念着她,一边写作出后来为世人所熟悉的 F 小调第二钢琴协奏曲。后来,肖邦为了艺术上的发展离开华沙,不久定居巴黎,便渐渐将这位少女淡忘。

25 岁时,肖邦遇见了玛丽亚,两人在卡尔斯巴特度过一个甜蜜的暑假。在即将分手时,肖邦为玛丽亚即兴弹奏了一首圆舞曲,这就是被称为《告别圆舞曲》的降 A 大调圆舞曲。

此后,经李斯特的介绍,肖邦在巴黎认识了比他大 5 岁的名作家乔治·桑。这位魅力十足的女人,行为举止十分奇特,并喜欢女扮男装。起初肖邦对她无甚好感,但慢慢无法抵御其超人的魅力,最后与她同居了 9 年之久。9 年中,肖邦因她谱写了许多名曲。像降 B 小调第二奏鸣曲和 B 小调第三奏鸣曲,全是在乔治·桑位于诺昂那乡间别墅的生活写照。

但是,O 型人**"不擅长耍手腕"**,也**"不喜欢进退之间的妥协。"** 乔治·桑的强势性格,加上文艺界众多名人对她的追逐,最终让两人的爱情黯然收场,而肖邦亦在分手的 2 年后病逝,其间没有再谱写任何一首曲子。

其他O型名人

政治界

  墨索里尼——二战时期的意大利独裁者

  中曾根康弘——前日本首相

  吉田茂——前日本首相

  铃木善幸——前日本首相

  卢武铉——现任韩国总统

演艺界

  赵雅芝——著名影星,不老的优雅神话

  赵薇——从"小燕子"发家的青年偶像

  周迅——灵气十足的"亚洲电影大奖"影后

  金城武——日中混血儿,著名影星

  张曼玉——以气质闻名的国际影星

  周润发——闻名海外的香港影星

  张柏芝——美艳惊人的女明星、谢霆锋的妻子,以敢爱敢恨闻名

  周星驰——一代喜剧天才

  李安——著名华人导演,获奥斯卡最佳导演奖

  康妮·尼尔森——《角斗士》女主角,丹麦影星

  保罗·纽曼——好莱坞"老戏骨",奥斯卡金像奖最佳男主角

格里高里.派克——《罗马假日》男主角，奥斯卡影帝
珍妮·杰克逊——欧美流行乐坛歌后，迈克尔·杰克逊的妹妹
马特·达蒙——《拯救大兵瑞恩》主角，奥斯卡金像奖得主
北野武——日本著名导演
广末凉子——日本"玉女"派偶像

体育界

贝克汉姆——著名球星

学术界

爱因斯坦——著名科学家

他们也可能是O型人

达尔文——"进化论"发现者。研究过程中遭遇到重重阻力，但是在"别人都以为快撑不下去了"的时候，"一用力又站起来"。

伽利略——意大利物理学家、天文学家和哲学家，近代实验科学的先驱者。对于真理的不屈不挠，和达尔文可是有得- 拼！

法布尔——《昆虫记》作者。对观察昆虫这种古怪的事情,有着非同寻常的细致和关注,并且拉上孩子和亲戚一起干!

哥伦布——著名航海家。对于航海的兴趣,对于发现新大陆的自信,都十分充足。"**一旦认定就是'这里',立即集中火力开炮!**"

苏轼——北宋时的文学领袖,"唐宋八大家"之一。深谙"**手头没有闲钱算什么?车到山前必有路**"。而且,无论降职还是贬去鸟不拉屎的荒蛮之地,"**晚上也照样睡得死沉死沉**"。

刘义庆——魏晋著名文学家。他编著的《世说新语》,上到权臣将相,下到文人美男,无所不包、无不八卦,可谓古代第一份公开发行并且销量惊人的八卦杂志。怎么样?很称得上O型人"**他人情报专家**"的称号吧!

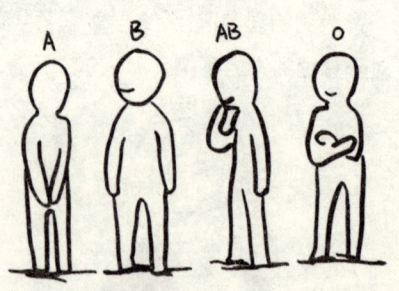

当各血型人处于人群中时……

图书在版编目(CIP)数据

O型人说明书/[日]雅梅雅梅著绘；钱海澎译.
—海口：南海出版公司，2009.3
(最潮血型说明书：3)
ISBN 978-7-5442-4372-8

Ⅰ.O… Ⅱ.①雅… ②钱… Ⅲ.血型-关系-性格-通俗读物
Ⅳ.B848.6-49
中国版本图书馆CIP数据核字(2009)第041173号
版权合同登记证号：30-2008-276

最潮血型说明书 系列

丛书主编／黄利　监制／万夏

项目创意／设计制作／紫图圖书 ZITO

O-XINGREN SHUOMINGSHU
O 型 人 说 明 书

著　绘	[日]雅梅雅梅（Jamais Jamais）
翻　译	钱海澎
责任编辑	黄利
封面设计	紫圖装帧
出版发行	南海出版公司　电话(0898) 66568511
社　址	海南省海口市海秀中路51号星华大厦五楼　邮编570206
电子信箱	nanhaicbgs@yahoo.com.cn
经　销	南海出版公司　电话(0898) 66568511
印　刷	北京盛兰兄弟印刷装订有限公司
开　本	787毫米×1092毫米　1/32
印　张	9
字　数	50千
版　次	2009年4月第1版　2009年4月第1次印刷
书　号	ISBN 978-7-5442-4372-8

南海版图书　版权所有　盗版必究

"AB型人性情古怪、捉摸不透？"

不~完全不对

再也没有比AB型人简单好懂的啦

好像迷宫一样

看着弯弯绕绕

只要找对正确的路

就可以一条线走到底

这本说明书

能教身为AB型人的你

或者非AB型却想了解AB型人的你

掌控AB型人的使用方法

从未有人总结过

是你所不知道的、AB型人真正的一面

以商品说明的方式一一列举

有点儿意外

有点儿搞怪

包你对心目中的AB型人

来个

大、改、观！

Jamais Jamais

[日] 雅梅雅梅／著绘

徐曼青／译

AB型人说明书

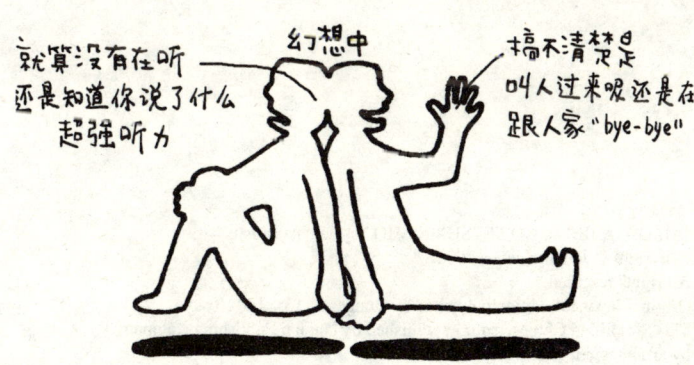

幻想中

就算没有在听
还是知道你说了什么
超强听力

搞不清楚是
叫人过来呢还是在
跟人家"bye-bye"

南海出版公司
2009·海口

"AB-GATA JIBUN NO SETSUMEISHO" by Jamais Jamais
Copyright © Jamais Jamais 2008.
All rights reserved.
Original Japanese edition published by Bungeisha Co., Ltd., Tokyo.
This Simplified Chinese edition published by Nanhai Publishing Company
by arrangement with Bungeisha Co., Ltd., Tokyo
in care of Tuttle-Mori Agency, Inc., Tokyo
through Shin Won Agency Co., Beijing Representative Office, Beijing.

前言

大家好!不,或者应该说,初次见面。
我叫 Jamais Jamais。
记得之前写《B型人说明书》时,
读者热烈的反响竟让我受宠若惊。
真是吓死我了!
不过,非常感谢大家的支持。
这期间,有读者提出了"希望您把其他血型的书也出版了"的要求,
因此,我便根据自己到目前为止对血型的兴趣,
以及观察周遭的人所带来的经验,再加上各位A型朋友的协助,
顺利完成了《A型人说明书》,
这本书又收到了令我吃惊的反响。
这一次,
我根据之前的经验,
在 AB 型血的朋友们的帮助下,
完成了这本《AB型人说明书》。

那么,就让我们赶快来制作这份说明书吧!

目 录

前言 5

1 本书使用方法 8

2 基本操作 ———————— 自己 / 行为 11

3 外部连接 ———————— 他人 40

4 各种设置 ———————— 倾向 / 兴趣 / 特长 57

5 程序 ———————————— 工作 / 学习 / 恋爱 86

6 遇到问题・故障时 ———— 自我崩溃 95

7 存储器・其他 ———————— 记忆 / 日常 99

8 模拟实验 ———————— 这时的 AB 型会如何 110

9 计算方法 ———————— AB 型指数检测 119

后记 121

AB 型人说明书

1 本书使用方法

　　这是一本为想了解自己的AB型人，以及那些想要了解AB型人的非AB型人，而写作的说明书。

　　一说起AB型人，似乎别人眼里总会掠过"怪人"两个字。

　　"完全搞不懂他们在想什么"，或者"见人说人话，见鬼说鬼话"。

　　云云。

　　一旦被人知道自己是AB型人，就算是初次见面，也会有一丝诡谲的空气在两人中间微妙地流动。咝咝～～～～

　　可是呢，AB型人并非对任何事都没有热情。

　　有时候，他们可是相当的热血沸腾！

　　老实说，这一类人非但单纯，而且像简笔画那样一目了然。

　　不过，由于AB型人比其他血型的人更"在意他人"，所以无论对方说什么，都无法否决。

　　更糟糕的是，AB型人尤其不擅长自我分析。搞不好，连他们自己都不懂得自己。

1 本书使用方法

人们口中的AB型人只是他们的表象。那么,他们的内心世界到底是怎么样的呢?

说不定与传言完全相反。又或者根本是另外一回事。

举一个例子,

表面上看,"AB型人是合理主义者,非常冷漠。"

不对,不对。

其实,"AB型人在帮助他人时,会毫无保留。"

为什么会产生这样的矛盾呢?

因为比起自己,他们会抢先一步替别人考虑。

当然也有毫不退让的时候,不过,是因为对方先咄咄逼人。

由于AB型人会站在别人的角度上思考,所以他们不会把误解当作误解。

对,就是这样认为的。尽管心里还是有点儿迷糊,但也不再过问。

误解从此产生——

被人误解的情况,也实在是层出不穷。

"你是个什么样的人?"

为了能够充分表现出

"我是这样的人"

首先,就从了解自己开始吧!

完成本书之前的步骤

1. 翻到下一页之前,必须不断告诉自己:"我一定拥有 AB 型特质!"
如果不这样做,就会变得认真而抱怨"胡说八道,根本不准"。
2. 绝对不可以一个人在公众场合看,会觉得很丢脸。不信?试试看就知道了!
3. 先读读看,不要用理性来武装自己。
4. 在符合的项目上画上勾,就完成说明书了。
5. 重要项用记号笔画勾。
6. 然后,试着拉近和某人的距离吧。
7. 鼓励自己"向他介绍自己"。
8. 然后一起读说明书,也可以预先熟记内容后直接在口头上实践。
9. 这样和对方建立友情,当然也可能会吵架,关系告一段落。
10. 进行实际应用,下一次,尝试用自己的语言来制作说明书!

2 基本操作

自己 / 行为

"我" "AB 型的人" "那个人"

☐ 只要 AB 型，都是自恋狂。

☐ **捉摸不定。不管是谁都休想抓住我。**

☐ 因为连自己都抓不住自己。

☐ 完全不去解释。因为那会很麻烦。

☐ 反正说了也没人会懂。

☐ 一下子就举双手投降了。

☐ 觉得自己在某些方面很有天分。

☐ 却搞不清楚是"哪些方面"。

☐ 散发出来的气息总跟别人有点儿不同。
搞不好自己就是个怪胎。会有这样的担心。

☐ 个性开放，但可不是来者不拒。

☐ 一旦别人说"你是双重性格吧？"就会"啪嗒"一声堵上耳朵。

☐ 然后把这句话抛诸脑后。

☐ 顺便将那个人也抛开。

☐ 别说双重，三重、四重性格的人也不少见嘛！真是个毫无礼貌的家伙。

☐ 但是，不会否定说"不是那样的"！

☐ 但是，也不想承认说"是的"。

2 基本操作

☐ **不是存心，但恭维自然而然就脱口而出了。**

☐ **挂着笑容是一件再自然不过的事。**

☐ **应该说，所有的反应都调在"自动档"。**

☐ 啊啊啊，要是当时思考下就好了！为什么不过过脑子呢~~
　表情啊，谈吐啊，完全是在"全自动"按钮下运转的。

☐ **相比"按部就班"，会选择"一击即中"。**

☐ 不过，不管选哪个，都必须正中靶心。
　虽然做事麻利，但可不会疏忽大意。

☐ **会觉得任何事都是合理的。**

☐ 因此，就会"任性地"丢开手。

☐ 即使抽签抽到下下签，也没有怨念。

☐ 因为撂爪儿就忘。

☐ 会干出老奸巨猾的事。

☐ 但是，连自己也在心里挣扎，"啊，不，不能这样做。"

☐ 不过，也不会为了所谓"好人形象"去做好事。

☐ 帮助别人是不需要理由的。

☐ 所以讨厌伪善。
　　我才不会那样做，也不需要！

☐ 觉得一旦闲下来，就会死掉。

☐ 所以你总是行动着的。手头上总有个事儿。

☐ 别人会说自己的性格让人无法理解。

☐ 对于这一点，完全不明白。

☐ 自己觉得明明就很好理解嘛。

☐ 因为 AB 型的人总是处于一种自然状态。

☐ 对于周围人集体认真思考"不可能的任务",而感到困惑。

☐ 没有原因,我知道那是"不可能的任务"。

☐ 不是说不出"想说的话",而是压根儿就不想说。

☐ 说话会东拉西扯。

☐ 因为要是对原来的话题没兴趣,而恰巧又出现了另一个更有趣的东西时,就变成:"咦,这个好像更好玩一点喔?对了对了~还有那个~"

☐ 基本上做事不循条理。

☐ 好在身边人都觉得,"这人也就那样,没法子"。因而获得原谅。

☐ 随他去吧!

☐ 就是就是。没办法,真是没办法啊。

☐ 凡遇虚张声势者,必杀其锐气。

☐ 就算被他人反将一军,也会大方地露出笑脸。
这是这,那是那,一码归一码。

- □ **会在给出一张笑脸的同时，流露出一种"甭以为可以随随便便走进我心里"的杀气。**

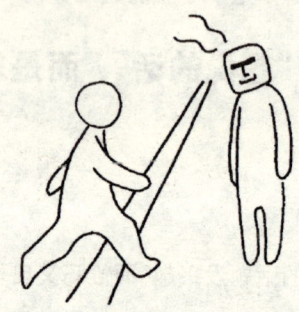

- □ 咦，好像一件重要的事情一闪而过？
  啊，我想到了，我想到了！

- □ 迫不及待地把这件事告诉大家。

- □ 结果，完全就是个无厘头的事，让周围的人很"……"。

- □ 自己一点儿也不在意。

- □ 也不会被旁人的意见所左右。

- □ 就算孤军奋战，也绝不转移立场。

- □ 会在心里想，"觉得自己说服力强么？好，来啊，试试看。"

☐ 会将脑仁掰成俩，同时使用。

☐ 应该说，AB型人会将脑仁分成N瓣（$N \geq 2$）。

☐ 即使同时运作N瓣脑仁，也不会出现"左右互搏"的情况。

☐ 绝对不自欺欺人。

☐ 就是这样才会被卷入纷争之中。
  烦死人了！

☐ 这种事情经常发生。

☐ 谁让自己偏偏是这样的人。

☐ 只能私底下絮絮叨叨撒气。

- [ ] 总想以高瞻远瞩的姿态,对世人提出些告诫。只是这样想想。

- [ ] **根本不把头衔什么的放在眼里。怎么都无所谓。**

- [ ] 因此,即使对方地位很高,也不会畏惧。

- [ ] 眼神如初生牛犊般闪闪发光。来,我瞪大眼睛给你们看看。

- [ ] 其实并不想成为别人观察的目标。

- [ ] **一个自相矛盾的人。**

- [ ] 但绝不是那种受欢迎型的自相矛盾。
    可恶,受欢迎型是什么型?

- [ ] 如果有人对自己说"空气是无法读懂的吧"。

- [ ] 会认为,"嗯,确实有点难以理解呢"。

- [ ] 有时也反驳,"才不是那样呢!"但对方要是纠缠个不休,又觉得烦死人。

- [ ] 会突然陷入沉默,让周围的人如坐针毡。

- [ ] 其实意识已经飞去某个不知名的所在。

- [ ] 我不在这里哦~你们看见的只是我的躯壳。

□ 再没有比 AB 型人更马虎的了!

- [ ] 但是,做事情的时候会认真做!

- [ ] 一旦认真,便所向披靡。真的。

- [ ] 只有自己这么认为。

□ 面对危急的状况,会干脆停下来。

□ 确认前方情况。好。

□ 确认后方情况。好。

□ 但是,不会确认是否会牵扯到他人。

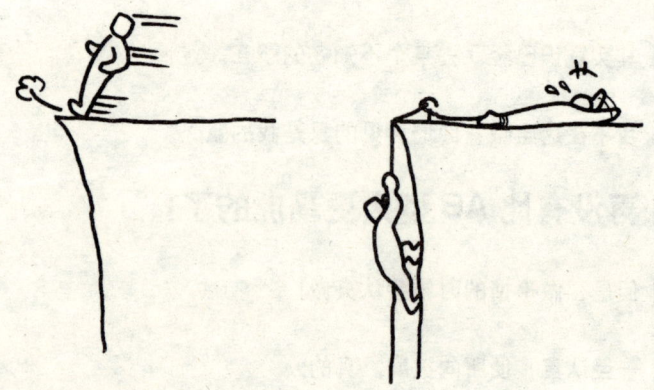

□ 因此,总是把一堆不相干的旁人卷入,唉。

□ 做事情绝不会"光凭运气"或"毫无准备",会怕。

☐ 被人家说成是"毒舌派"。

☐ 但自己完全不那么认为。

☐ 才不是毒舌,是客观评论!

☐ 我可是完全没有恶意的。
　　所以,不要那么耿耿于怀啦,真是麻烦。

☐ 头脑的反应速度非常快,而且不会死机。

☐ 在动过脑筋的领域,都很厉害。

☐ 可是,也有不那么灵光的地方。

☐ 这样就不难理解,为何 AB 型人的想法总是跳来跳去。

☐ 拜托,很正常啦!

☐ 自己都觉得自己性情乖僻。

☐ 但旁人却抗议说:"不是那样的。"

□ **没有记性。**

□ **应该说打一开始就没打算记。**

□ 也许是因为不感兴趣,没错。

□ 会误以为只要沾点儿边,就能了解全局。

□ **不会控制"喜怒哀乐"。**

□ 可能是在家太"省心"了。

□ 偶尔也会发"脾气"。只是这种时候极其罕见。

□ **分配时间时,8成做准备,2成行动。**

> **□ 明明是打算骗人的，结果却常常被骗。**

□ 更惨的是，自己压根儿就没察觉到上当。

□ 而且要是有人提醒"你被骗了"，会死撑着说，"他才没有骗我！"

> **□ 关于自己的谣传或恶意中伤全都不入耳。我可什么也没听到。**

> **□ 只是表面上如此。**

□ 实际上怒向胆边生，而且沮丧得要死。

> **□ 就算被人当面指出缺点，也当耳旁风。"巴拉巴拉巴拉……"**

□ 没有兴趣。

□ 不想听。

□ 也绝不会改正。

2 基本操作

- [ ] 别人说向左，会问："为什么？"
  别人说向右，也会问："为什么？"
  要是觉得正中下怀，就会说："我也这么想的。"
  如果不认同，心里就会冷哼："你别想浪费我的时间。"

- [ ] 想法随时切换。

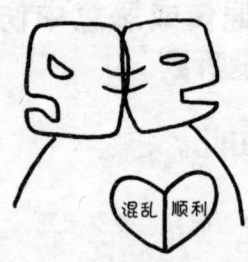

□ 有一个管理烦恼的 ON/OFF 开关。咔嗒。

- [ ] 就算情绪纷纷扰扰、一直没法儿释怀，也不会当众失控飙泪或乱叫。

- [ ] 哈哈哈哈哈哈哈哈！好了！复活！

- [ ] 所说的话有 9 成是真心的。剩下的那 1 成，也就是那么一回事了。

- [ ] 可是大多数时候都会落得个被怀疑的下场。

☐ 不会三天打鱼，两天晒网。

☐ 啊啊，我玩腻了，丢了丢了！
这种事是绝不会做的。

☐ 因为已经把这种倾向忘得一干二净了。

☐ 讽刺和虚张声势是唯一的武器。

☐ 互殴？不要不要，会很疼的不是吗？

☐ 但是非常讨厌"某某？这里还有灰尘哦"之类的絮叨。

☐ 内心不会"斗争"。

☐ 因为心里既没住着天使，也没住着恶魔。

☐ 只有一个性情乖僻的家伙。

☐ 不害怕孤独。

☐ 反而很享受一个人独处。

2 基本操作

- [ ] 睡觉时翻身是家常便饭。

  咕噜咕噜，咕噜咕噜咕噜 ZZZZZZZ。

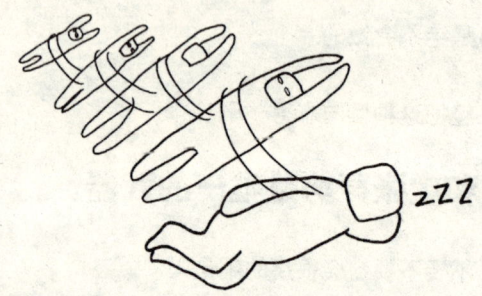

- [ ] 一无所知地继续酣眠。

- [ ] **不会因昨日之事而耿耿于怀。**

- [ ] 不过却刻在心里，哼，一定会逮着机会以牙还牙！

- [ ] 这两件事完全不矛盾。一点儿也不矛盾！

- [ ] **天生的出糗王。**

- [ ] 一旦在别人面前一直出糗，就会变成家常便饭。

- [ ] "哎唷，我又干傻事了！"

- [ ] 有自己独特的人生观。

- [ ] 只是不想对任何人说。

- [ ] 这样吧,哪天喝酒时咱俩聊一聊。

- [ ] 但这个"哪天"永远也不会到来。

- [ ] 即使真的来了,局面也会变成聆听对方的人生观。

☐ 十分讨厌"倔强"这个词。
"让我看看你有多倔强!""我不。"

☐ 不想有这种倾向。

- [ ] 即使被人说"但是你有这种倾向哦",会否认,"我没有"。

- [ ] "啊?明明就是有这种倾向嘛!""我说了我没有。"
"你就是有。""够了,你还有完没完啊!"
结果,有了这种倾向。

☐ 任何事都会做得无懈可击。

☐ 只是看起来如此。不擅长的事,才不要在众人面前献丑!

☐ 老实说,做不到的事还多得很。不过我干嘛要告诉你?

☐ 有兴趣的话,不管是什么会,都会出席。

☐ 但希望能早点回家。

☐ 擅长对人滔滔不绝。

☐ 但要是面对一大堆人,就会发怵。

☐ 讨厌上场前那种忐忑不安的感觉。

☐ 要是紧张过头,就会冲到台边一阵干呕。

☐ 撒起谎来,是一等一的高手。

☐ 压根儿不觉得自己在说谎。

☐ 那怎么能说是谎言呢?
结果好才是真的好。

2 基本操作

- **可谓干将。**

- **但不是最能干的。**

- 所以老卡在"第二名"。唉,真闷闷不乐。

- **为了避免不安,会做好充足的准备。**

- 如果连这样都还失败,那就是没办法的事了。一下子就释怀了。

- **拿猫打比喻,AB型人一定不是家猫,而是野猫。**

- 晃来~晃去~然后睡觉。

□ **非常痛恨那种背后嚼舌根的长舌妇／男。**

□ 不过要是当事人不在场，说说也无妨。

□ 干脆说吧，是漠不关心。
　随便。很多事都是这样啦。我就是这个心态。

□ 认为，"我是一个很能干的人，不是吗？"

□ **会做出 100% 完美的假笑。**

□ **连爆笑也是装的。**

□ 脑子里正在打算"接下来该怎么做"。

□ 会在最后的最后才提炼结论。

□ 不喜欢"我们先下个结论吧"。

□ 因此，要是在说完话之前就被打断，会很生气。

□ "听我说完！！"
　不然你会后悔的！！！

☐ 喜欢合情合理的事情。

☐ 如果不合理,会搪塞说我要干的活儿堆积如山。
"这个,不好意思,我实在没时间做。"

☐ 不会凭一时冲动或第六感决定大事。

☐ 总想试着上手另一件事。

☐ 正因如此,不知不觉走上了另一条路。

☐ 不会说"我有条不紊地做这件事吧"。

☐ 既然走岔了道,就在新的征途上奋斗吧!

☐ 渐行渐远,不再回头。

☐ 想要不顾一切,一口气完成好几件事。

☐ 结果一做就成功了。成功了啊啊啊!

☐ 对于无聊的喋喋不休,会无言地付之一笑。

- **"我不会是那种到老死都默默无闻的人！"**

- 心中怀着这样的愿望。

- 想采取一些超出界限的正确行动。

- 我只是超越它。不是无视哦。只是超越，超越！

- **秉持一股傲气。**

- **这可不是"虚荣"，而是"自豪"。**

- 明明穷得叮当响，却斗志昂扬。

- 会把"那又怎么样？"挂在嘴边。"so，那又怎么样？"

- 非常清楚"办不到"与"无知"的区别。
  那又怎么样。你看，又把"那又怎么样"挂在嘴边了。

- 对于那些认为没有奋斗价值的东西，看都不看一眼。呸！

□ 伟大的浪漫主义者。

□ 会深深沉浸于童话般的幻想世界。

□ 简单地说,就是逃避现实。

□ 然后,被某人强制性地拉回来。

□ 终于明白:大多数人走的路,自己也得走。

□ 希望多赢得一些赞许。

□ 最好夸到连自己这种城墙厚的脸皮都会发红!

□ 哎哟~瞧您说的,人家都不好意思了。

☐ 一下子就失去自信，好沮丧啊。不过只是现在。

☐ 要是被人一而再、再而三地指出缺陷，就恨不得躺下装死。砰！

☐ 完全不知道自己在别人心目中是怎样的一个人。

☐ 不过，我也不在乎。

☐ 应对突发事件时，小宇宙会爆发。

☐ 即使是非常危险的局面，也不会"啊哇哇"地乱叫一通。

☐ "啊哇哇"是什么啊？挠头，我们平时都不那么说。

☐ 看起来很直白，其实顽固得像铁板。

☐ 死都不会动摇。

☐ 要是别人坚持，会让一步。

☐ 那是装的。

2 基本操作

□ **脱离常轨的人生。**

□ **一旦行走在一条笔直延伸的大道上,就突然想来个急转弯。**

□ 就算是人生也一样。

□ 正因为有了这个猛烈的转弯,才有了今天。

□ 一步步为自己打基础,而且技术相当之高。

□ 自己要是别人,绝不会把这样的自己当做劲敌。

□ 要是真有人把自己当"假想敌",那还真是可怜!

☐ 要是当初有好好地听，现在就不会把事情搞砸。

☐ 所以了，那种满口大话，说什么"哎呀别再唠叨了，这种小事儿我还搞不掂吗"的人，最最讨厌！

☐ 相比起金钱，成就感是最大的奖赏。

☐ 耶~~我成功了！！！

☐ 擅长装出一副"没注意的样子"。
啦啦啦，我什么也没看到~
啦啦啦，我什么也没听到~
你们那么紧张干嘛？

☐ 就算周遭的人急得火烧屁股，也会装作没看见。
真是个笨蛋，那么慌张会露馅的！

☐ 不知道为什么，心里的某个角落，门是紧锁的。

☐ "哦，原来如此。不过我也不关心。"

☐ 看起来很直率，但很记仇。

☐ 那件事情啊？我已经把它锁在紧里头的抽屉里了。

2 基本操作

- [ ] 占有欲很强。

- [ ] 想要的东西,非到手不可。

- [ ] 不惜为此强词夺理。

- [ ] 被人指着鼻子说:"你真是太任性了!"

- [ ] 强词夺理是强词夺理,不过放弃得也很快。
  "不行的话就算了,就当啥事儿也没发生过。"

- [ ] 彻底放弃之前,会先下手为强。

- [ ] 对于哲学啊、心理学之类暧昧不清的东西,通通搞不明白!
  像什么"可能性无极限"、"有始则必有终",一碰就头大。

- [ ] 更可恶的是,还会出现"此终非彼终"的情况。
  头更大了。

- [ ] 心想,"你们别以为能随便控制人的思想!"

- [ ] 看起来不像,但内心却实在很纯真。

- [ ] **而且,大概也知道自己看起来不那么单纯。**

- [ ] 要是一件大事有N个选项，就开始迷惑彷徨。

    啊啊，怎么办哪！一点儿头绪也没有！该选哪一个呢……饿了，先吃饭吧。

- [ ] 于是半途而废。

- [ ] **常常把废话挂在嘴边。**

    "啊，今天中午吃得好饱！"

- [ ] 说话经常不下结论。

- [ ] **会摇身一变，变成其他血型。变~身！**

- [ ] 所以，常常被误会为其他血型的人。

□ 自己设定的最优先项目，却往往被他人取胜。

□ 剩下的只能当作备档垫底。

□ 不过，就算一开始就知道"备档命"，还是会精心准备。

□ **好管闲事。**

□ 结果，因为管得太过火，反而给人家帮了倒忙。

□ 试图让对方明白，"我是不图回报的"。

□ 就算白做了工，也一点儿都不可惜。

□ 有时会对金钱毫无概念。

□ 结果一度手头很紧。

□ 没有能力的人，迟早会被踢出局！

□ 不过，我可不会有那么一天。哼哼~~

3 外部连接 他人

□ **要离去的,我绝不挽留。**
  自便,慢走——

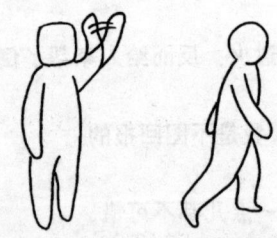

□ **来者不拒。**
  过来呀!但不准超过这条线。

□ 最喜欢的一句话是:"亲人之间也要有礼有节"。

□ 常常挂在嘴边,尤其对熟人。

- [ ] 不喜欢跟身边的人黏黏糊糊。
- [ ] 若即若离的尺度正合适。
- [ ] 不会去挖掘别人的"可恨之处"。
- [ ] 会去挖掘"可爱之处"。
- [ ] 然后把对方捧上天。
- [ ] 正当对方乐得起舞、沾沾自喜时,心里却想:"真是个耳根浅的家伙!"

☐ 遇到麻烦,不会选择倾诉。

- [ ] 说了也无济于事。
- [ ] 不如先放在一边。
- [ ] 别人很关心地询问:"要不要紧?"会觉得对方真是罗嗦。

☐ 不会一下子投入谁谁的怀抱,也不想投入。

☐ 是家庭成员中个性最强硬的。

☐ 一天到晚都在软磨硬泡。

☐ **一旦与家里人吵架,就会做出小孩子一样任性的事。**
　　一直到隔天为止。

☐ 例如,"我绝对不要再和你说话了,是你先不对"之类的话。

☐ **同意"自己是自己,人家是人家"。**

☐ 但自己一不高兴,立即数落:"你看看,人家家里是怎样的!"

☐ 而且,会强行歪曲事实。

☐ **对那些跟自己不同行的人非常感兴趣。**

3 外部连接

- [ ] 聚餐喝酒时，常被人说："咦，你好像玩得不太起劲啊？"

- [ ] "起劲，起什么劲啊？有必要玩得那么投入吗？"

- [ ] 得意的常常不是自己的事情。

- [ ] 像是那个谁谁谁，要么就是谁谁谁的啥啥事。

- [ ] 本来就是嘛，他们真的超棒！

- [ ] 那你自己有什么引以为傲的事儿么？嗯……那个……一时想不起来。

- [ ] 动不动就说，"好厉害啊！"

- [ ] 不过，是真觉得对方很厉害才会说。

- [ ] **会对拥有自己所没有的东西的人刮目相看。**
   不过不会因此眼红。

- [ ] 就算对方比自己年纪小也一样。

- [ ] 大力向别人推荐的东西，自己却不会买。
   这个很好哦，绝对的！呃……我还没试过。

□ **不会把重要的事告诉重要的人。**

□ **等到对某人坦率告之的时候，事情已经过去了。**

□ 像是个"突如其来的大翻牌"。

□ 周围人都目瞪口呆。

□ 根本没人知道自己是什么时候下决心的。

□ 开玩笑似地找借口。

□ 要是没人相信反而被训了一通，情绪会很低落。

□ 深深反省为什么会失算，"不够好玩吗？"

□ 要是有人说："这个你负责。"

□ 会刨根问底地逼问："为什么？凭什么？做到什么程度？做到什么时候？为什么偏偏是我做？"

□ 招架一连串的"？？？"之后，对方勃然大怒！

☐ 要是别人不是故意"让自己久等",就不会太介意。

☐ 完全不会摆臭脸,一见到对方就笑脸相迎。

☐ 在等待的时候,一直站在原地不动,哪儿也不去。
我在这儿等着你到来~等着你到来~等到百花开。

☐ 会去询问对方的意见:"这种事,不可以这样解决吧?"

☐ 话是这么说,但指向的却是自己。

☐ 让听者一头雾水,不知如何回答。

☐ 接话时会说,"啊,真的吗?"

☐ 不会追问后续发展,因为没兴趣。

☐ 但也不会"哼"一声撇开话题。

☐ 即使别人只说了一半,也就那么放着不理。

☐ 不会说:"那么然后呢?"

3 外部连接

☐ 对于有利用价值的事物，会榨干最后一滴油。

☐ 管他是东西还是亲友！

☐ 这种行为虽然很差劲，但自己却没有恶意。
"情是情，事是事，一码是一码。"会这样强词夺理。

☐ 认为对某些人，"不管说什么都是徒劳的"。

☐ 碰到这种人，懒得多说，省得浪费口水。

☐ 搞不清楚对方心里怎么想，反正就是撇开一切和他有关的东西。

☐ 一旦被人碎碎念，就立即"老子不管了，你们来做吧！"然后草草了事。

☐ 充满干劲的心直落深谷。嗖~~↓。

☐ 有时会觉得，"还不如我自己接手"。

☐ 即使和异性相处，对方也没什么特别的感觉。无所谓啦。

☐ 所以，和异性也能成为真正意义上的朋友。

- [ ] 给朋友发短信的时候，内容"又生动又搞笑"。

  可怕的是，脸上却毫无表情。

  嗒嗒嗒嗒嗒……嗒嗒嗒嗒嗒嗒嗒。……哔。

- [ ] 不知道为什么，无论做任何事情，都会被人伸着脖子围观。

  不过我不在乎。哼哼~~

- [ ] 要是自己主动跟人搭话，对方会不那么紧张。

- [ ] 可惜，自己永远心不在焉。

- [ ] 因此，对方摆出一副"你又来了"的表情。

  别以为我眼角的余光看不到！

- [ ] 如果有人没来由地想去做某事，

  就会说"等等"。

- [ ] **非常清楚外人就是外人。**

☐ 在气氛正热闹时,会突然销声匿迹。

☐ 非常讨厌表里不一的人。不过自己就另当别论。

☐ 在吵架的甲乙之间,不幸地充当夹心饼干。

☐ 在不刺激他们的前提下好好调解。

☐ 老实说,这场口角的罪魁祸首是自己。

罪魁祸首

☐ 不过,不认为自己有错。
真是的,这些人够了没!

☐ 会突然碰见令自己尴尬的人,这种事儿还常发生。

☐ 讨厌把话说得太白的人。

☐ 这些话深深地捅了自己一刀，尽管表面上没啥痕迹。

☐ 忍不住想呛回去。
"呸！你说的都是什么屁话？当真是狗嘴里吐不出象牙啊！"
摇身一变，成为可怕的人。

☐ 觉得那些情感丰富的人都很麻烦。
"哭天抢地"、"大发雷霆"、"咆哮"……

☐ "苍天啊，来一只大灰狼带走他吧！"

☐ 算是比较好交往的一型。

☐ 对自己的设定是这样的。

☐ 擅长社交辞令。

☐ 不过，万一对方当了真，那麻烦可大了。

3 外部连接

- [ ] 结果对方情绪越激动，自己就越冷静。

  "结果呢？你猜猜！嘿，就那么不了了之了，你信么？"
  "是吗？"

□ 不是自来熟。警戒心极高。

什么？你谁啊？哪里人、做什么的？喂，你别给我靠过来！

□ 没法享受被迫应酬的时间。

- [ ] 脑子里塞满一堆得赶紧回家做的事情。

- [ ] 啊啊啊啊，恨不得马上飞回去。"喂，还没到时间？"

- [ ] 一旦眼神与别人相遇，会先笑一笑。微笑。

□ 爱好人类。

- [ ] 希望遇见各种各样的人。就是现在！马上！

- [ ] 啊啊啊啊，快没时间了！

- [ ] 不过，只是"交广言浅"的类型。

- [ ] 因为受不了"窄且深入"的交往方式。

□ 会在心里感谢某个人，"谢谢你当时对我那么严厉"。

□ 最喜欢那种人。

□ 而且，会跟别人提起他们的恩德。

□ **哪怕是街头的乞丐，也总有那么一点儿值得学习的地方。**

□ **虽然是泛泛之交，却会来和自己商量重大的事。**

□ 虽然心里纳闷，但还是会听一听。

□ 结束话题时会很突然："哦，知道了。我走了，回见。"

□ 不会依依不舍。甚至不会回头。

□ 因此，某一天，会被对方评价为"冷淡"。

□ 会微笑着回答，"不是那样的"。

□ 然后说，"那么，回见。"头也不回地走得飞快。

3 外部连接

☐ 面对被称作"神捕"的老师，也是笑容如花。

☐ 不管对方多么可怕，也会以笑脸相迎。
所以才会讨人喜欢。

☐ 意料不到的幸运降临。真是狗屎运！

☐ 如果与某人发生口角，撂下的最后一句话是："你可以这样去做，但你最好给我记住！"

☐ 不会干涉别人。

☐ 顺便也不会干涉自己。

☐ 因为懒得深思熟虑。

☐ 约会时，通常会早到。

☐ 点一壶香浓的茶，"呼~真享受。"

☐ 一眼就看穿别人的谎言。

"喊，又在撒谎！"心里偷偷想。

☐ 要是戳穿，会惹来一堆麻烦。算了，不干己事不开口。

- [ ] **原则上会听别人高唱"某某人的论点"。但对方若想强迫自己接受，瞬间竖起一层透明防护罩！**

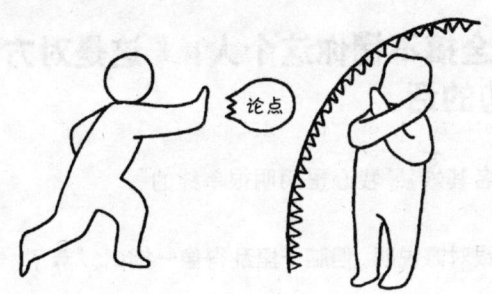

- [ ] 拼死抵御。

- [ ] 会公开宣布"我的看法是如此"，以显示自己与众不同。

- [ ] 能嗅出形迹可疑的人的味儿。嗯？不对，这家伙一定有鬼！

- [ ] 没有必要的话，绝不接近对方。

- [ ] 有多远躲多远。

- [ ] 差劲的老师，一眼就能识别。

- [ ] 有机会想试试看逃掉那门课，不过从没实现过。

3 外部连接

- ☐ **一旦别人需要自己，就算赴汤蹈火也在所不惜。**

- ☐ **即使不需要自己，也会插一脚。**

- ☐ **"完全搞不懂你这个人！"这是对方常挂在嘴边的话。**

- ☐ 很莫名其妙，"我心里明明很单纯的"。

- ☐ 试图跟对方说明，但脑子里乱得像一锅粥，"算了，懒得讲！"

- ☐ 最后的最后，选择妥协。

- ☐ 所以说嘛，麻烦死了。

- ☐ **认为"即使不一五一十地作出说明，对方也会明白的"。**

☐ **在鱼龙混杂的人群中，往往扮演着修正路线的角色。**

☐ 走歪了，扶回来；方向偏了，拽回来。周而复始，乐此不疲。

☐ 哎哟，又跑到什么岔道上去啦？！
"看看你们都搞了些什么！"
又回到起点。

☐ 一旦出现有关血型的话题，就会在心里想，"我就知道你们又要提这个。"

☐ 老实说，还是有点儿相信血型影响性格。

☐ 不知为什么，身边有很多 AB 型的人。

☐ **对意料之外的温暖话语，会招架不住。**

☐ **之后，一旦对方以恩人自居，又会相当反感。**

☐ 相信只要自己一开口，就没有约不到的人。

☐ 就算被拒绝，反应也顶多是，"哦，是吗？"

☐ 不是掩饰尴尬，压根儿就无所谓。

3 外部连接

□ **很多时候会保持沉默。**

□ **无论沉默多久,都完全不会感到尴尬。**

□ 顶多在心里想,"咦,对方好像有点儿手足无措的样子?"但还是继续保持沉默。

□ 四顾无人,一块废纸出手。"啪~"

□ 相比 B 型人,认为自己是相当正常的人。

□ 对 A 型人会非常温柔地说:"没关系的喔,不要怕,不要怕。"

□ O 型人又在那鬼吼鬼叫个啥?!算了,懒得理他。

□ 如果知道对方是 AB 型,会在心里想,"哦哦~怪不得。"

4 各种设置　　倾向 / 兴趣 / 特长

☐ 对那种恶心又变态的东西充满兴趣。

这玩意儿是怎么回事？好好玩！

☐ 结论是：有异于常人的恶趣味。

"恶心又可爱的东西→讨人喜欢（例如青蛙）"

"阴森又有点儿疹人→有趣（例如小丑）"

"有点儿颓废风格但又完全称不上艺术作品的画→格调蛮高的嘛（例如野兽派）"

诸如此类的解读。

☐ 在笨口拙舌与伶牙俐齿间二选一的话,那么应该说是倾向于伶牙俐齿。

☐ 只是外表如此,本质属于笨口拙舌。

☐ 越被人打趣,这种呆呆笨笨的特质会显得越有趣。

☐ 要是没人理会,就会一直以隐藏下去而告终。

☐ 终于未被人发觉。锵锵。

☐ **在正式接手一件事前,会先全面分析。**

☐ 先试探试探,不会一试探就露出马脚了吧?

☐ 浑身上下的穿戴加起来,不会超过500元。

☐ **什么品牌啦、价格啦,完全没有意义。自己喜欢的才是最高级的。**

☐ 眼镜非常独特,充满设计感和配色感。

☐ **在写文章的时候,对话段落比较少。会抓住要点,而且一针见血。**

☐ **自己的桌面会变成迷失森林。**

☐ 但会迷失的只有他人。

☐ "我很清楚什么地方摆着什么东西,所以,不要随便给我乱动。"

☐ 当电视节目里出现"猜猜看它是用来干什么"的环节时,会克制不住兴奋。
这玩意儿到底是用来干啥的?

☐ 兴趣或爱好从孩提时代起,就没有过变化。

☐ 喜欢搜罗各种偏门知识。

☐ 对于它的说明和演变过程,相当亢奋。"哇,原来苍蝇的脚有这个作用!"

☐ 再冷门的知识,对于自己也不是一无可取。

☐ 某种造型的服装或饰物,已经成为自己的"logo"。

☐ 每天换造型,烦不烦!

4 各种设置

- □ **才一转头，就忘记东西顺手搁哪儿了。**
  "眼镜"、"手机"、"钥匙"……
  "这个"或"那个"。

- □ 那些东西不是"放在某个地方了"，而是"在做某件事的半途"被忘在某个地方了。

- □ 很懂得自嘲。

- □ 要是别人也跟着嘲弄，就会发飙。
  "你这个不知死活的小子，再说一次试试看！"

- □ 在心里狂吼着，嘴里却还在"哈哈哈……"

- □ 一看到厚得像字典的手机说明书，脑袋就变得三圈大。
  "大夫，我是不是得了眩晕症？"

- [ ] 精神上有非常严重的洁癖。

- [ ] 在房间布置上，倾向于"简洁大方"。讨厌凌乱不堪的感觉。

- [ ] 只是精神上的。

- [ ] 现实生活中，房间脏乱得要死，让人一看就倒抽一口冷气。

- [ ] 自己给自己找借口："我没有时间啦，所以这也是没办法的事情啊！"

- [ ] 不认为所有规矩都要绝对遵守。虽然自己会去遵守。

- [ ] 应该说规矩也是有一定限度的。

- [ ] 心里盘算着，"有机会挑刺一下某个矛盾点。嘿嘿嘿。"

- [ ] 基本记不住别人的名字。

- [ ] 因为当初就走着神，压根没认真听。

4 各种设置

- [ ] 非常喜欢点心。

- [ ] 窝在沙发里,一边看电视,一边把仙贝咬得"咔嚓咔嚓"。

- [ ] 但,大体上还是很注重健康。

- [ ] 如果可以的话,不想做太多激烈运动。这是愿望。

- [ ] 不过还是蛮喜欢出去跑下跳下。

- [ ] 最近在以室内跑步的形式自欺欺人。
  这是为了告诉身体:看~我在运动哦。

- [ ] 在制作飞机模型这种又精巧又细密的东西时,动作会很慢。

- [ ] 让外人看了都忍不住着急起来。

- [ ] 所以请你们让开点,都不要看我!

☐ 不想让别人踏入家门一步。

☐ 一旦自己的地盘被人入侵,就会在心里惨叫:"啊!我的地盘被……"
"你站在门口等着!我进去把书拿给你。"

☐ 要是有人乱翻自己书架,会崩溃。"喂,你在干什么!!"

☐ 大扫除不过是敷衍了事。

☐ 客厅的灰尘扫到厕所。厕所的灰尘扫到客厅。

☐ 书籍放在这边,杂货放在这一块。

☐ 将东西详细分类,按顺序、大小……
休想自己会这样做!

4 各种设置

- [ ] 一旦打开书本,就想一口气读完。

- [ ] 所以买书时会相当豪爽。

- [ ] 一旦进了书店,就会在里面呆很——久很久。
  在同一个地方转来转去,一直打圈圈。

- [ ] 在朋友家只顾看漫画,看完之后就拍拍屁股说,"我走了"。

☐ 明明都老大不小了,还老想着蹭小孩的玩具。

- [ ] 说一句"让我玩玩",然后一把抢过来。

- [ ] 稍稍过过瘾就心满意足了。
  原来是这么玩的啊。嗯,我玩够了。

- [ ] 会搞一些孩子气的恶作剧。

- [ ] 在睡着了的室友眼皮上画上眼睛,只是个小 case。

□ 一天不吃东西没关系。

□ 一天不睡觉也没关系。

□ 要是一天不回家，那可就有关系了。

□ 巴不得能早点回去，越早越好。
其实窝在家里，也不过是发发呆。

□ 还是非常喜欢呆在家里。

□ 不过要是去旅行的话，不回家也没啥。

□ 喜欢读书。一个人独处的时候会忍不住去看书。

□ 可是在不知不觉中进入梦乡。

□ 只是模糊地记得读到哪里了。

□ 所以会多次读同一个章节。

□ 完全没有进展可言。"《阳光下的罪恶》，到底凶手是谁啊？"

□ 会怎么使用时光机？
"回到一周前，买张能中头奖的彩票。"

4 各种设置

☐ 喜欢色彩鲜艳的衣服。

☐ 喜欢对比强烈的颜色。

☐ 但是不会整体如此,只在部分这样处理。

☐ 深信这样搭配很出彩。

☐ 就算不好,我觉得好就好。

☐ 对于人造花和干花情有独钟。

☐ 尽管是假的,但若是做得非常精致,也会为之陶醉。
"这部分的工艺简直是绝了!"

☐ 会追看那些情节简单、内容弱智的电视剧。

☐ 大脑一片空白的时候,才会得到休息。

☐ 动不动就另起一行,"梨花体"。
就算只有几个字,
只要谈到别的事,
那就一定要换行,
这样看来才会顺。(哇,读起来真麻烦!)

- [ ] 喜欢为社会服务。

- [ ] 为了那些伙伴们，我非献血不可！心里怀着这样的激情。

- [ ] 想想而已，实际上压根儿没捐过血。

- [ ] **不会理会那些街头募捐的人。**

- [ ] **因为害怕上当。**

- [ ] 因此既不会答应捐款，也不会去做志愿者。

- [ ] 会保持一定的距离，避免靠近。并始终保持半径8米的距离。

- [ ] 非常清楚，如果不这样就会难以脱身。

- [ ] 但是并不讨厌这样的自己。★

- [ ] **经常一个人自言自语。**

- [ ] **不是自己嘟囔，而像是跟个看不见的人说话一样。**

- [ ] 这种举动常给身边的人带来困扰。"他是在对我说话吗？"

☐ 喜欢学东西。

☐ 所以会收集很多资料。

☐ 然后原封不动扔在那儿。

☐ 最后压上一堆乱七八糟的东西。

☐ 就这样一再重演。

☐ 喜欢光着脚丫子。

☐ **爱好是"兴趣广泛"者的3倍。**

☐ 喜欢买高档货,而且是砸钱那种。

☐ 投入兴趣的金额相当可观。掰着手指头数数?
这个嘛,嗯……总之是很多啦。

□ **会陷入好的电影或电视剧中不能自拔。**

□ **只独自欣赏。**

□ 不会与任何人分享。而且,也无法与任何人分享。

□ 所以即使与某人一起去看电影,也不会谈及"刚刚那场戏如何如何"。

□ 而且,会一时无法走出自己的世界。

□ "讨厌。我还想在这里呆一会呢!"

□ 平时不太掉眼泪。泪腺不够发达。

□ 也会一个人躲起来偷偷哭泣。

□ 实际上很擅长模仿。

□ 但一次也没在大庭广众下秀过,这样哪算得上会模仿啊!

□ 但回到一个人的状态,又开始偷偷练习。

4 各种设置

☐ **非常喜欢背那种功能性非常强大的便宜包包。**

☐ 乍一眼看去,里头好像整整齐齐。其实乱得要命,真是浪费功能!

☐ 先按口袋来分门别类。

☐ 但是,只放一些必备品(例如折叠伞)。

☐ 啊,放伞的地方怎么会有一张连印象都没有的收据?

☐ 钱包里的零钱连条口香糖都买不了。

☐ 还有,钥匙在哪里?!

☐ 所以,会在门外站半天乱翻。

☐ 就算在家里,钥匙也会失踪。结果到了出门时又是一番地毯式搜索。

☐ 因此,出门时老是慌慌张张。

☐ 才出门没几秒,又慌慌张张折返回来。
"啊,我忘记带东西了!那个在哪儿?!"如此来来回回好几次。

- [ ] 是个聚会达人。

    啊，这种东西市面上有卖哦！不过我不知道它到底是用来干嘛的。

- [ ] 相比小钢珠，更喜欢赛马；而相比赛马，更喜欢打麻将。胡啦！

- [ ] 喜欢纵横填字字谜。

- [ ] 疗伤的时候，喜欢用动脑筋猜谜方面的书籍来打发时间。现在手头上都是第三本了。

- [ ] 喜欢"单人竞技比赛"。

- [ ] 实际上已经悄悄地投入进去了。

- [ ] 但是，要是说"我的斗志在熊熊燃烧！"之类的话，会害羞到想找个地洞躲起来！

- [ ] 所以，这件事要保密哦。

- [ ] **在思考某件事的时候，会巧妙地使用排除法。**

    "那个不行。那个也不行。好，就这个了。决定！"

4 各种设置

☐ 在玩团队游戏时,也比较容易融入其中。

☐ 不过,没打算玩得太过火。

☐ 要是日程表排得满满当当,会很安心。

☐ 一旦将预定的计划记下来,就会觉得很幸福~

☐ 可一旦心情不好,就所有安排都没情绪做。放弃!

☐ 认输。啊啊啊啊,我做不到啊啊啊啊啊。

☐ 才刚这么说,马上在日程表上追加明天的计划。

☐ 完全没有汲取教训。"啊?不行吗?"

☐ **房间又脏又乱。**

☐ 杂七杂八的东西堆得像一座山那样高,只留下一条勉强可以走动的通道。

☐ 嘴上说着"只要暂时能走人就行",但这种情况完全不是"暂时"的。

☐ 2、3年来基本没有什么变化。

☐ 在屋里头基本上都穿睡衣。

☐ 根本没啥家居服。

☐ 紧身运动衫和长袖T血衫是必备单品。

☐ 但是,裤头的橡皮筋已经弹性疲乏,至于衣服,那就是一摊破布。

☐ 但就是喜欢穿它,人家舍不得嘛。

☐ 只有周末才会洗睡衣。

☐ 与其跑去饭店喝啤酒,不如在家里慢慢消遣。

☐ 跟喝茶一样稀松平常。

- [ ] 懒得用啫喱水、发腊一类的头发定型物。

- [ ] 老子的定型物就是"水"。

    睡觉弄翘了头发→撒撒水→稍微压平一下→好，OK

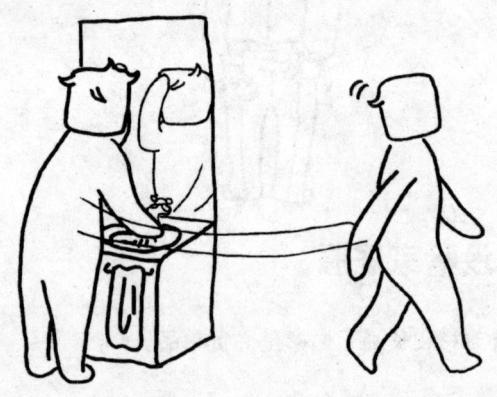

- [ ] 一旦嗅到枕头的味道，就会犯困。

    啊～哈啊啊啊啊啊。

- [ ] 手机不是用来打电话的，而是用来接电话的。

- [ ] **懒得在短信里插入表情符号。**

- [ ] 懒得用手机发 email，尽管手机有着强大的多媒体功能。

☐ 周围的人都喝咖啡，就只有自己会点餐。

☐ 怎么啦，不可以吗？

☐ 就算是"大家一块儿吃饭"，也会一个人先干光。

☐ 喜欢酒吧。

☐ 光是沙拉就可以撑到爆。

☐ 会从自动贩卖机中选择和眼睛一般高度的饮料！然后立刻购买。

☐ 一边心算着找零，一边将钱塞进去。

☐ 喜欢匆忙时喝起来很方便的罐装咖啡。

☐ 虽说如此，却会剩下最后一口。

☐ 猜拳最好是三局就定胜负。

☐ 要是一局定输赢,好像有点儿不太公平……自己就这么觉得啦~

☐ 先分析对方的个性,再决定要出什么。
"好,石头!"

☐ 不过,输了。

☐ 说话时妙趣横生,但一写起文章来,却变得好像裹脚布那样又臭又长。

☐ 跳槽的次数,平均每年是3次以上。

☐ 我讨厌分离,可不可以不要离开我……放心,AB型人绝不会这么做的。

☐ 那就进入下一个步骤。

☐ **走路速度很快。咚咚咚咚。**

☐ 而且，不想就此停下脚步。

☐ 因此，过马路时会有意识地调整节奏，以免被红绿灯拦住。

☐ 前方的红绿灯一旦变成"红色"，会突然打个右转。

☐ 就算是换方向，也会继续前进。
　糟糕了，红灯。赶紧向右转，右边！

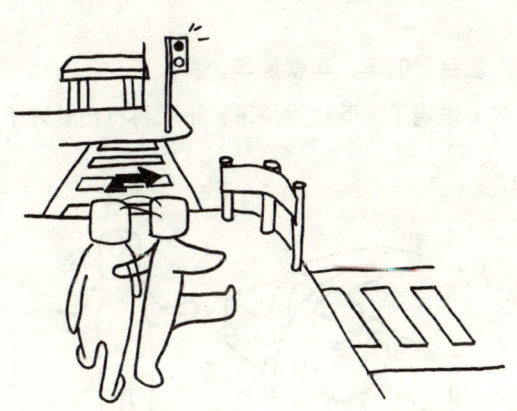

☐ 在电梯里，相比"楼层"按钮，会先按"关门"按钮。

☐ 但是，如果不快点按下"楼层"的话，门会再次打开。
　搞得真麻烦，已经麻烦到了。

☐ **会在自动扶梯上行走。**

☐ 想要用这一路走来的气势来搭乘自动扶梯。

☐ 踏踏踏踏,到顶,紧急叫停——

☐ "快走啦!"

☐ ……受不了了,快点走!!!

☐ 真的受不了。

☐ 不会溺爱自己的车。车就是车。
　就算车上堆满了落叶也没关系,下次再打扫就好了。

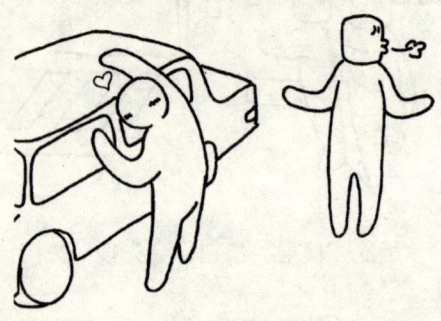

- [ ] 借出的钱是不会忘记的。
  那个家伙还没还我钱。足足有 1 块钱哦！

- [ ] 这压根儿也不是小气。

- [ ] 会拿出一大笔银子请客，该大方时大方。

- [ ] 擅长机械和电脑。

- [ ] 打字用"一指神功"？光是看着就觉得不可思议。

- [ ] 一个档案夹里，会细分成 10 层左右。

- [ ] 就算塞得满满当当，也清楚地知道"什么东西在哪"。

- [ ] 只不过是一张像留言条般短的笔记，也会用电脑打出来，然后打印。
  噔噔噔噔噔……，吱吱……嘎、嘎……吱——。

4 各种设置

- [ ] **喜欢动物。**

- [ ] 曾经养过宠物,或者正在养。

- [ ] 不过自己基本不去照顾它。

- [ ] 是明确的"爱狗"派。

- [ ] 因为狗会自动跑过来对人撒娇。

- [ ] 要是和狗共处于一个狭小空间,会一直跑来跑去。

- [ ] 嗒嗒嗒嗒。嗒嗒嗒嗒。嗒嗒嗒嗒。

- [ ] 但有的时候也会觉得狗太黏人,而变得不耐烦起来。你给我走开!

- [ ] 一个人在外面的时候,会偷听完全不认识的人的对话。

- [ ] 以此作为与某人八卦的谈资。
  "今天,我听到有人说……"

- [ ] "等着瞧吧!我一定会成为一个很有魅力的人!"但永远不会付出努力。

☐ 点菜时会以迅雷不及掩耳之势作出决定。啪，这个！

☐ 而且一般不是单品，而是套餐。
对啊，因为里面什么都有附。

☐ 对大家用一个容器绕圈喝酒和不用公筷的行为没啥抵触。
绝对不会说，"喂，你这家伙直接用自己筷子夹，这里头谁敢吃你的口水啊！"

☐ 尝试着宠爱自己："夜晚是属于我自己的时间，想做什么就做什么好了。"

☐ 相比豪华但不方便的独栋楼房，更喜欢朴素而便利的公寓。

☐ 因为独栋楼房打扫起来很累人，而且自己连电灯的开关都不知道在哪。

- [ ] 在店家的洗手间里要是发现里头贴着一张纸，上头写着"向前一步！"时，心情会莫名其妙地兴奋。

- [ ] 不过，却不会真的"向前一步"。

- [ ] 心里头痒痒的，想告诉别人："喂，里面有一张奇怪的纸条。"

- [ ] 可一回到座位上，就给忘记得一干二净。

- [ ] 傻乎乎地问大家："你们刚才都八卦些啥了？"

□ 擅长诱导式的询问。

- [ ] 如果能成为一个审讯员，会是一个"天生的专业人士"吧。

- [ ] 会熟练地利用胡萝卜和大棒，最后将犯人逼得走投无路。

☐ 喜欢画画或漫画。明明画得很差劲。

☐ 画的画让人看了觉得相当不舒服。这是什么啊,线条扭曲得都不行了。

☐ 喜欢咖喱。

☐ 讨厌葱头盖浇饭。为什么饭是甜味的?!

☐ 吃杯面的时候,不会整个撕扯下纸盖。
虽然很碍事。

☐ 可要是撕掉它,上面的水会滴滴答答地流下来啊!
都滴到面里头去了,真够恶心的!
光是想想那场面,都觉得没法儿忍受。

☐ 结果在喝汤的时候,纸盖会"啪嗒"一声粘到脸上。

4 各种设置

☐ 曾经连续一个星期七天都吃咖喱。

☐ 嘴巴虽然很馋，却不怎么挑食。

☐ 最爱罐装或方便食品。

☐ 是个馋猫。

☐ 但吃东西的时候却是毫无表情，丝毫看不出是在享受美食。

☐ 填饱肚子最重要，就算剩饭剩菜也没所谓。
　　嗯，昨天应该还剩了一些糯米小豆饭。

☐ ↑这番话不是在心里想，而是完全脱口而出。
　　旁边明明就没有别人。

☐ 煮饭的速度很快。

☐ 但饭后却不想收拾。

☐ 没多久,厨房的碗槽内堆积如山,情况变得相当凄惨不堪。

☐ 真希望能够坐视不理。
但那是不可能的,谁让这地方那么乱!

☐ 偶尔会产生"当个流浪汉也不错"的想法。

☐ 而且,自己应该马上就能融入其中。

☐ 不过,对于那些流浪汉们用瓦楞纸盖的房子,意见好像有点儿大。

5 程序　　　　　　　工作/学习/恋爱

- **在未得到许可的情况下，就会独断专行地开始行动。还干得热火朝天。**

- 即使因此被骂，也全当是耳边风。呼~

- 关键的部分我不是做得很好么？没什么大不了的啊~~

- 希望工作上分工明确。

- 自己的事情做完了，就会说："好了，再见。"

- 曾经因别人的错误而被上司骂得狗血淋头。

- "对不起对不起，都是我的错。"就这样替人家把黑锅背下来。

- 之后也不会以恩人自居。

- 真是个好人啊！本人。

- 不知道为什么，兼职赚的钱比正职的还要多。

- [ ] 会因为对手的存在而挖掘出自己的潜能。

- [ ] 可惜差那么一步就可以夺取天下。
    "啊啊啊啊，吼！气死俺了！"

- [ ] 没有那种要出人头地的雄心壮志。应该说。

- [ ] 怎么说好呢？自己对这方面总是不得要领。就算没出息好了。

- [ ] 禁不住别人说："只有你能帮我了！"

- [ ] 哎，那是套话啦。但还是会在心里想："是吗？只有我能帮上忙了吗？"

- [ ] 真是的，那我就只好出马了！

- [ ] **因为到处都跟人家掺一脚，结果管太多，害自己的工作反而做不完。**
    "真是的,我干嘛那么多管闲事啊！明明就是做不到的嘛,烦死了！"

- [ ] 想要靠实力来一决胜负。

- [ ] 但要是做不到的话，就算了。

5 程序

□ 不会过分主张自己的见解。

□ 对于没有得到公正的评价这件事不是感到不安,而是很不满。

□ 即使有人提议说:"那你明天就跟领导反应一下不就行了吗。"也不会那样做。

□ 但是会一直私底下寻伺机会。

□ 自己已经决定好的顺序,要是跳过一个,就会停滞不前。

□ 所以才花了更多的时间。

□ 每个程序每个程序都小心翼翼。实际上,这样做才是最快的。

□ 看,脑子里的计算器正在飞速运转哦!

☐ 对于不喜欢的课程，提不起精神。
会摆出讨厌就是讨厌的态度。

☐ 即使老师明显撂出一副"我不喜欢你"的表情，也不惧怕。

☐ 你要是不爽，就哪儿凉快哪儿去！一边心想着，一边自顾自走远了。

☐ 理解能力快得吓死人。

☐ 眼睛附带录影功能。会以一幕幕画面来进行记忆。
"嗯……稍等一下。我往回倒一下带。"

☐ 会在考试之前将日程排得满满的。

☐ 不管什么考试，倾向性和对策都是不可或缺的。
心里头念叨着这种历届考古试题上的口号标语。

☐ 擅长从一大堆题目中找出重点。"这里会考！"

☐ 只要正确率能勉强达到合格线，就算是大功告成。
"太好了，我赢了！"其实也就低空飞过而已。

5 程序

☐ 会因为换到不喜欢的班级而成绩骤然下降。哗~咚↓

☐ 请理解吧。本人的心不在这里。

☐ **功课明明已经预习到烂了,却死也不去复习。**

☐ 这种情况也彻底反映在私底下的个人生活中。比如对待缺点。

☐ **在学习的时候,求知欲很强。会死咬着不放。**

☐ 会接二连三地放出问题攻势。
为什么?怎么会这样?这里呢?喂,你到底有没有听到我在问你?

☐ 讨厌别人教到一半就开溜。一知半解很痛苦的好不好!

☐ 轮到自己要教别人时,却懒得动弹。下次再说吧。

☐ 想起来了！以前还很喜欢理科。

就算连上6节也不会厌烦。

☐ 非常喜欢理科"只要甲，就会乙"的特质。

☐ 看成绩的话，数学比英语的成绩好。

☐ 理科的成绩比音乐成绩好。

☐ 这也没啥好奇怪的啦！

☐ 反正自己本来就不喜欢这些科目。

所以即使有烂成绩如是，也没什么不可思议的。

☐ 于是，作出如上自我总结。

☐ 想要把圆周率背诵到小数点后100位。不过从没做到过。

5 程序

☐ 会成为某人与某人的丘比特。啪啪,啪啪。

☐ 不过就算没有自己帮忙牵线,这两人多半还是会在一起吧。

☐ 不知道为什么,好像就只有自己一个人在努力。不过,只要这两人能够幸福就好了。在边上虚伪地想着。

☐ 但是,那不是装腔作势!看起来好像很虚伪,但人家真的是这样想的嘛!你们看错我了!

☐ 不过,这事没法跟人解释清楚。

- [ ] **这并非是"命运"的安排。**
- [ ] **还没有"火花"迸发。**
- [ ] **从未有过一见钟情的经历。**

- [ ] 就算有喜欢的人,自己也不肯先迈出第一步。

- [ ] 还在犹犹豫豫的时候,半途中突然杀出个程咬金。啊啊啊!居然被抢走了!

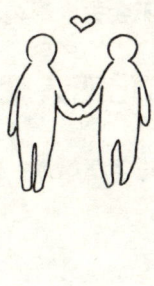

- [ ] 骂归骂,但就连"扳回一局"的念头也没有。

- [ ] 可是喜欢的人被别人追走,还是很难受的。自尊心不允许自己原谅自己!

- [ ] "哪有,我也不是很动心。"死鸭子嘴硬。

□ 一旦知道某人喜欢自己，那个人就变成彻底的"恐怖分子"。

□ 对方越想靠近，自己越想远离。
不要过来！

□ 想要慢慢地、一步一步地培养出那种"喜欢"的感觉。

□ 只要和喜欢的人在一起，哪怕静静的不说话，也是幸福的。

□ 即使交往也不会去电影院，更倾向于"自宅派"。

□ 偶尔会忘记恋人就在身边。是偶尔吗？

□ 一不留神就过了适婚期。咣当！怎么会这样？

6 遇到问题·故障时　　自我崩溃

☐ 日子一直过得很平淡，突然之间大爆发。
就像一直在等着这一天呢。

☐ 而且，时间的跨度越长，干出的事情越大。
就像死火山喷发一样。很可怕。

☐ 一旦被惹怒，就会变成厉鬼。

☐ 良心在一刹那间就会消失。

☐ 乱了方寸的对方，焦急地跟在背后。

☐ 但是，自己会拒绝一切。"关我什么事！我不知道，够了！"

- [ ] 刚才还嘻嘻哈哈的，隔一秒却突然发飙。
  "啊哈哈哈。不是那样的！你给我闭嘴！"

- [ ] 笑脸一刹那间变成铁板一块。
  "啊哈哈哈……"

- [ ] **听不懂别人开的玩笑。**

- [ ] **会以黑色幽默中断它。**

- [ ] **如果在精神上被逼得走投无路，会失控到令人战栗。**

- [ ] 突然摔起盘子。乒乒乓乓！

- [ ] 会在一瞬间想"我到底在干嘛啊？"但已经来不及了，收不了手。

- [ ] 日后，又会翻找起来。"嗯？那个盘子我收拾到哪儿去了？"

- [ ] 失败的时候，总会有万全的应对方法。

- [ ] 可如果连"万金油"都失效，脑子里就会一片空白。

- [ ] "我已经走投无路了。什么？去哪里？我是谁？"

- [ ] 在演绎自己的过程中,常常会想"自己不就是这样的一个人吗"。

- [ ] **偶尔会犯下一些令人难以置信的大错误。连自己都不敢相信。**

- [ ] 外表看起来很平静,内心已是一片波涛汹涌。

- [ ] 有时候会行为失控。

- [ ] 模模糊糊地感觉需要有人来阻止自己。

- [ ] "不要随便给我贴上标签!"

- [ ] 会一反常态地反击回去。
    老子偏要撕给你看!什么破玩意儿!

6 遇到问题・故障时

- **一旦兴致高昂起来，任何人都阻止不了。**

- **严重失控。**

- **因此，即使觉得"不好意思"，也不会去在意。**

- 突然会有一种想做其他事的冲动。

- 没有什么理由。

- 但是，已经无法忍耐下去了，所以会中断当下的事情，向那件事情进发。

- 于是忘记了刚才做的事情。
  那个？是什么来着？

- 在这个过程中，甚至把想起那件事的想法都忘记了。

7 存储器·其他　　记忆/日常

□ **打小就是一个"不可思议"的孩子。**

□ 正当和大伙儿一起玩捉迷藏的时候,会悄悄跑回家。一溜烟地。

□ 这不是故意的。

□ 因为从小就是"任性大王"。

□ 不过现在脾气已经改很多了,不再那么霸道。只是偶尔任性那么一下下。

□ **从前学习就很好。**

□ 大家都说:"你很努力啊。"

□ **每当这个时候,心里都觉得:"我也没怎么努力啊。"**

□ 从小学时期开始,就很擅长玩围棋和象棋。

☐ 曾经被"强势的人"欺负。

☐ 但是没太介意。

☐ 反而还会去招惹对方。

☐ 不过这么做太麻烦了，于是采取"非暴力不合作"的方式。

☐ 从小就不怎么黏父母。

☐ 也从未撒娇过。

☐ **所谓远足，到出发前一刻才是真正的远足。与当天相比，做准备的那天更开心。**

☐ 点心都是5毛钱一大块的粗点心。

☐ 刚才还比任何人都吵闹，但突然间就会安静下来……

☐ ……忽悠忽悠忽悠……稍等一会。

☐ 经常会呕吐。

☐ 老忘记自己很容易晕车的特质，而去搭乘公车。

□ **在"假装不在家"时，相当干脆利落。**

□ **自己设定好自己"不在家"。**

□ 但总是会露馅，因为一举一动都太明显了。
"我不在家哦。""小A，快点洗手来吃饭了！"

□ 在去旅行之前，会买三本旅游指南书。

□ 带的东西能少则少。

□ 会在将东西缩小整理好这件事上找到乐趣。
不错，通通都塞进去了。满足感十足。

□ **就算满口破英文，面对外国人也不会发怵。**

□ 对身为中国人这件事，相当引以为傲。

□ 即使是在海外旅行，也会强行使用中文。
"啊，这个～还有那个。OK？"

- **就算是一时冲动买下不需要的东西，也不会后悔。
更准确地说，是压根儿没去想。**

- 但冲动却会导致买下错误的东西。而且用过一次后就不想再用。
或者连一次也没用过。

- 不，不会后悔的。我会当作什么事也没发生过。

- 不会把写日记当成一个苦差事。

- 返回去阅读的时候，如果遇到一些怎么也看不懂的内容，会很纳闷。

- 在不知不觉间，已经坚持记了 3 年以上的时间。

- 自行剪去了乱糟糟的鸟窝头。

- 结果剪坏了。

- 早知道就不要自己剪。为什么要自己剪头发啊？

- 算了，认命吧。就这样顶着奇怪的发型出现在人群中。周围的人都在憋笑。

☐ 有时会无端地伤感。

☐ 是的，无端地。

☐ 希望一整天都只蜷缩在自己的世界里。

☐ 不想让任何人决定自己的一天。而且，也不会任由别人这样做。绝对不会。

☐ 早晨起床后，不会有"发呆"的时间。

☐ 不过，也不会神清气爽。

☐ 要是突然被电话吵醒，接电话的声音也丝毫没有睡意。

☐ 其实真正想说的是，"神经病！一大清早打什么电话！"

7 存储器·其他

☐ 换衣服有如光速，快到停不下来。唰唰唰。

☐ 与其磨蹭，不如把时间节省来睡觉。何况就快要迟到了！

☐ **就算睡过头，态度也很冷静从容。**
不必挣扎就能一下子放弃继续睡懒觉。

☐ 兜里从来都有足够买车票的零钱。

☐ **明明知道会被退回来，还是把五毛、一角的硬币一股脑塞进地铁售票投币口。**

☐ 即使车厢里挤得像沙丁鱼，也不会选择坐慢悠悠的公交车。
挤呀，挤呀！"啊！好疼，别踩我的脚啊！"

☐ 反正，就是要挤进去。

☐ 在电车上会出乎意料地让座。

☐ 如果对方说"没事儿，你坐吧"，会很沮丧↓。

☐ 会对某个特定词语的反应过于敏感。

"这个用法好像不太对哦。"

"这个词不是那个意思哦。"

☐ 不会无端地仅凭语感使用这个词语。

☐ 而且，会在意别人的遣词造句。

☐ 会与打扫卫生的阿姨聊天。曾经这么干过。

☐ 一个人走路的时候，想要大步超越前面所有的人。

在人群缝隙中游刃穿梭。嗖！嗖！

☐ 结果，在等红绿灯的时候竟被人追上。

7 存储器·其他

□ **会倒数着计算红灯变绿灯的时间。**

□ 耶，猜中了！

□ 得意地窃笑。

□ 却在彻底变绿的前一秒横冲过去。

□ 真是丢人。

□ 又开始傻笑。

□ 一旦在路上摔跤，反应会特别夸张。
"好痛！痛痛痛痛痛啊。哎唷～痛死我了，痛啊！"

□ 一旦对今晚的棒球或足球赛念念不忘，
就会一直叨叨着比赛时间和地点。

□ 万一喜欢的选手参赛的话，
更会每句话都离不开这个主题。

□ 明明就跟自己没关系，却对那位选手有着亲人似的引以为傲。

☐ 要是店家门口摆的咖喱饭样品"快从盘子里滑下来"时,会心里毛痒痒的。

老、板!咖喱饭快漏出来了!快、漏、出、来、了、啦!!!

☐ 在小酒店会点很多菜。

☐ 因为不喜欢桌子上只有几个盘子的样子。

☐ 结果剩下一大堆。

☐ 为了不浪费,
会努力劝说对面的人:"再多吃点啊。"

☐ 明明就是自己吃剩的。

7 存储器・其他

- [ ] 在吃火锅的时候，会指使别人何时放料、何时夹起来吃。老实说，虽然不想这么麻烦，但要是没人来管还是会这样做的。

- [ ] 一做就会做到底，而且一板一眼。

- [ ] 在完事之前会一直负责！不会让任何人插手。

- [ ] 现在，这个火锅是我的竞技场。

- [ ] 一旦任务完成，就会完全放权。
  来来来，喜欢吃什么就自己夹，千万别客气。

- [ ] 要是一边洗澡一边考虑问题的话，不知不觉中，肥皂剧都演完2集了。

- [ ] 身体跟煮熟了似的。

- [ ] 这么说起来，自己今天没跟任何人说话。

- [ ] 会小声对自己说"晚安"。

- [ ] 今晚，做个好梦吧。迷糊地嘟囔着。

- [ ] 竟然做了一个噩梦！

☐ 对于想吃却吃不到的东西，会一直耿耿于怀。

☐ 总想着找个机会去尝一尝。

☐ 睡相很好看。

☐ 而且，坐着也能睡着。（像武士一样……）

☐ 一旦看了令人悲伤的新闻，心就会揪着揪着地痛。

☐ 可是，今天的自己如此悲伤，身边竟然没一个人察觉到。晕倒。

8 模拟实验　　这时的AB型会如何

□ 童话《奇幻森林历险记》

故事主角汉赛尔与葛丽特被父亲抛弃在森林里。如果这对兄妹是AB型人的话:

→哥哥:"喂,你打算怎么办啊?"

妹妹:"嗯~我打算先回家。反正我知道回去的路。"

哥哥:"那~我干脆就直接离家出走了。反正我正打算赚点钱花花。"

妹妹:"好的。那再见了。"

哥哥:"再见。"

- [ ] 童话《北风与太阳》

    谁能脱掉行人的大衣呢？如果其中一方是 AB 型的话：

    → 我们俩干嘛非要竞争？这样做的目的是什么？逼他脱下大衣以后有啥好处啊？

    为什么一定要做这种事情？无聊。

    我才不要做！

- [ ] 童话《布莱梅的音乐家》

    动物们齐心协力地吓跑强盗，获得了衣食无忧的生活。

    如果动物们是 AB 型的话：

    → 那就让这个村子再一次鼠满为患。

    然后把报酬提高到 2 倍。

    要是还顺利，下次琢磨方法让老鼠要来就来、要走就走。

□ 童话《金斧和银斧》

你丢的是金斧头？银斧头？还是普通斧头？如果樵夫是AB型人的话：

→噗通！→"糟了，斧头掉到水里去了。天啊！"→总之先跑回家再说→慌慌张张地→女神也失去了出场的机会→END→日后，樵夫成了一个不带氧气瓶潜水的名人。

☐ 童话《灰姑娘》

每天都被姐姐们使唤来使唤去,"辛德瑞拉,帮我梳下头"。如果辛德瑞拉是 AB 型的话:

→在姐妹们参加舞会的当晚,实现了蓄谋已久的"翘家"计划。从此展开灰姑娘"番外篇"。

☐ 民间故事《龟兔赛跑》

比比谁跑得快吧。如果兔子是 AB 型的话:

→与其说是与乌龟比赛,不如说与自己比赛。以挑战自我极限为目标,努力地加以练习。

□ 童话《小红帽》

小红帽虽然被大灰狼吃掉，但最后还是被解救出来了。如果她是AB型的话：

→ "为什么外婆的眼睛会这么大？"

"为什么您的耳朵会那么长？"

"为什么您的嘴巴会那么大呢？"

"这是因为……我要……吃……"

"啊，等一等，我还没问完呢。"

"为~什么这么多毛呢？为~什么声音和平时不一样了呢？"

"这~是什么病？为~什么是我来探病呢？"

"为什么？为什么？"

"为~什么……"

大野狼陷入纠结混乱状态。

☐ 童话《大灰狼与七只小羊》

大灰狼到来时,小羊竟然不小心把家门打开了。糟了,必须赶紧找地方藏起来。如果其中一只小羊是AB型的话:

→总之先不要开门,要装作没人在家哦。一个人都没有!
好不容易爸妈都不在家,可要好好利用这个机会为所欲为,嘿嘿。
如果某个小山羊糊涂地打开了门,就与大灰狼交涉。
"首先,今天我们无法作出答复,所以请改日再来。
就这样吧,请回吧。"

☐ 民间故事《桃太郎》

桃太郎因为糯米团子而交到许多朋友,最后一同战斗。如果他是AB型人的话:

→将打败鬼怪的事情交给满腔热情的人们去做。自己当一个团子师傅,把这些人作为目标顾客做买卖。
"大拍卖,大拍卖哦!没想到这么便宜的玩意儿竟然可以结交到朋友。"

□ 民间故事《辉夜姬》

月宫派遣使者前来迎接辉夜姬,她和老爷爷、老奶奶告别时泣不成声。如果辉夜姬是 AB 型人的话:

→ 到了月亮上会给爷爷奶奶写信。父亲节、母亲节少不了张罗点礼物。

告假还乡会带回一箩筐的土特产,然后再继续过月亮上的日子。

偶尔也会让家里寄些大米来,搞一个年糕宴什么的。

指望着以此来提高自己在月宫里的声誉,方方面面都有进取。

□ 童话《白雪公主》

公主不小心吃下毒苹果而死去。如果她是 AB 型人的话:

→ "太好了,这样就可以得到王子的救援了。从今以后有了长期饭票。Luchy!"

☐ 民间故事《鹤的报恩》

白鹤来到人间并变成人以报答救命之恩。如果白鹤是AB型的话：

→用织布机织布？太浪费时间了！

制造一个效率更高的机器就大功告成了。

然后将其介绍给"曾经照顾了自己的恩人们"。

☐ 童话《卖火柴的小女孩》

在风雪中拼命叫卖，也没卖出一根火柴。如果她是AB型：

→我最怕冷了，所以会烧木柴让周围变得暖和些。

顺道打个广告："你们看，才用一根火柴就可以这么暖和！"

企图让火柴抢售一空。

8 模拟实验

□ 童话《皇帝的新装》

小孩指着皇帝大笑,"皇帝光着身子!啊哈哈哈!"周围的大人如果是 AB 型:

→私底下迅速给国王一件衣服。因为他很可怜,在很多方面。

9 计算方法

AB型指数检测

所有项目的测试都已经确认完毕。
如果还觉得不够，就再尝试着深入了解自己吧。

接下来，咱们来看看自己的 AB 型指数。不过，一个个数起来很麻烦，大概估摸一下就行了。来，从下面的选项中勾一个吧。

A 所有的都画勾。
B 平均每页只有一两个没画勾。
C 平均每页有四五个没画勾。
D 一整页都几乎没画勾。

〈结果〉

A 别人是别人。自己是自己。总之井水不犯河水。但是，也许周围的人会觉得自己是个怪胎。
B 自己有时想要当善于整理的那一型，最擅长的就是理清思绪。有的时候会很趾高气扬，但即使受挫了，也不会受到打击。
C 个性沉稳，是对任何人态度都非常亲切的大好人。无奈有时会因"空抛一片心"而感到难过。
D 飘来~飘去，漂浮在宇宙中。一直这样就很好。想在梦中驰骋，永远也不会回来。

各位辛苦了。

不过，这本说明书其实还没结束。

上面的结果都是骗你们的，所以请忘记它吧。

不过，各位看了结果有什么反应？

从下面选一个吧。

1 不对，不对啊。这不是 AB 型，我不是这样的！
2 自己是这样子没错，可是又好像有些不一样哦。
3 你们别在那里妄下结论了！不要来管我！
4 自己也不太清楚。烦死了，懒得去想这么多，爱咋咋地。

<结果>
1 这是 AB 型。
2 这还是 AB 型。
3 这个仍然是 AB 型。
4 这些统统是 AB 型。

总之，这就是 AB 型指数。同样是人，同样是 AB 型，也有千差万别。自己认为 AB 型人是这样，那你就是"AB 型"。这样不就得了？

后记

☐ 发现了全新的自己。

☐ 从刚开始起步的地方一直漂泊不定，终于抵达了现在身处的这个地方。

☐ 这样就已经很满足了。

"我就是这样的人。"

以上并不是AB型人的全部。
也不是只有AB型人才适用。
更别说自己是AB型人就一定要这样。
一样米养百样人，所以我就是我，
你就是你，他就是他。
每个人都在创造着独特的"自己"。
那是世界上独一无二的人，
在独一无二的岁月里，
汇集各种片断，拼合而成的独一无二的东西。
所以怎么可以把自己封锁在这样一个小小的世界里呢？
只是，能够让别人快乐的事情真的很多很多，所以，如果能够帮助那些迄今为止不了解自己的AB型人，或想要深入了解AB型人的非AB型人一点小忙的话，现状说不定就会变得更加美好。

最后，协助我写这本书的那些AB型朋友，读这本书的读者，以及各位支持我的伙伴，还有负责这本书的工作人员,谢谢你们!

Jamais Jamais

附录一

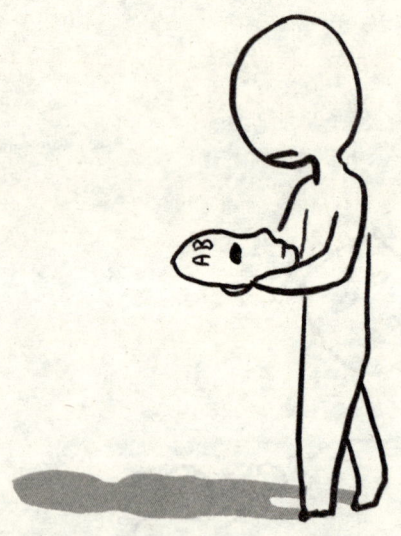

2009年,"最潮血型说明书"high翻天

当今日本最红的血型书系列

2008年底,日本十大畅销书的排行赫然揭晓!

除外来巫师会念经,《哈利·波特》稳占排行榜第一外,此中最大的赢家,毫无疑问是一套四本的"最潮血型说明书"系列!

2008年11月出版的《AB型人说明书》荣登第九,之前的《B型人说明书》、《O型人说明书》以及《A型人说明书》则分别占据了三、四、五的位次。乍一看实在是抢眼。

在日本,血型书的风潮由来已久,由于日本人非常相信血型与性格和命运密切相关,书商们每年都会投入大精力来策划、出版上千种血型书。可是历年来,能闯入十大畅销书排行榜的寥寥无几,能全套四本一齐闯入的更是前所未有!

这套书也创造了销量上的奇迹——从2008年8月起,上市才两个月,就已经狂销500万册!不仅如此,任天堂公司还根据这套书改编出一款与血型有关的游戏,名为"每个人的性格:A型、B型、AB型和O型",在日本很是走红。

结合销量和口碑,这套"最潮血型说明书"系列,已俨然成为日本最红的血型书系。

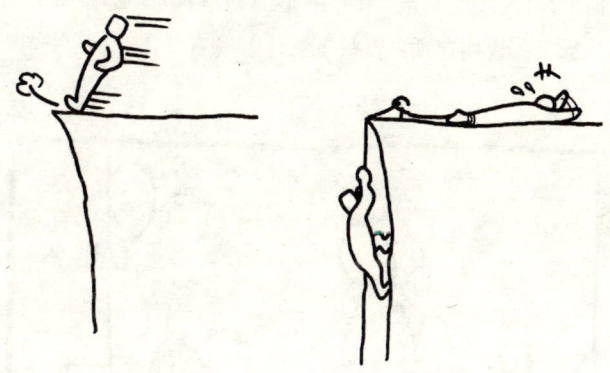

这套血型书不一般

一本起初只自费印刷了1000本、且作者默默无名的小书,是怎样如一匹黑马般杀出数万血型书的汪洋?仅是解析血型,就能成为它登上十大畅销榜、并且至今狂销560万册的理由么?

并非如此。这套血型书,有着相当的独到之处。

首先，它们异常犀利，简直就是将各个血型人的性格一一放在手术台上解剖般深入详尽，并一扫人们心目中固有的成见，揭露出各个血型真正的、不为人知的一面。

其次（这也是最重要的！），它们并非传统的干巴巴的理论分析，而是实在又简单的"使用说明"！

正如所有商品都会附送一本说明书，以《AB型人说明书》为例，它正是一本为想了解自己的AB型人，以及非AB型人却想知道AB型人真面目的人写的"AB型人使用说明"。本书将AB型人视为一种生物机器，详尽解析其个人基本操作、与他人的外部接触、兴趣、特长等各种设定，工作、学习、恋爱等程序设计，自我崩溃时的故障，日常记忆的内存，以及最后AB型血性格的自我检测等，数百条说明选项，一目了然。

当老师说"不要跨越这条线"之后，各血型学生的反应。

所有的商品都有说明书，人也应该有。对血型的说明书，最为方便他人使用。

认同感很重要

"……虽然不想承认，但说得还挺准！"读这本书时，如果你是AB型人，一定会忍不住发出这样的惊呼。

强烈的认同感，是"最潮血型说明书"系列热销的又一个原因。

作者Jamais Jamais，本身并非职业作家，而是一位建筑设计师。写作也并非为了出名赚钱，而只是为了自娱自乐、馈赠亲友。然而，在其第一本书《B型人说明书》自费出版后，却在社会上引起了轰动。嗅觉灵敏的大出版社闻风而动，迅速联系到作者，对《B型人说明书》一版再版。

接下来，交际圈广大，同时具备超强观察力与归纳能力的作者，又根据身边不同血型朋友的特色，编写出《A型人说明书》、《AB型人说明书》和《O型人说明书》，成为"最潮血型说明书"系列。

这个系列刚一出版便获得巨大的成功！连东京最大最出名的三省堂书店也放下架子来引进；在日本最著名的12家书店，这套书霸占排行榜冠军至2008年底，并一起登上2008年日本十大年度畅销书的榜单！

迄今（2009年4月），"最潮血型说明书"系列，已热销超过560万册！

跟风的《各血型女性说明书》系列

跟风书系

"最潮血型说明书系列"一炮而红!

此时,日本的出版商们才发现,原来人类也可以像商品一样,被系统而详细地说明。而从内到外地解析人类这种生物机器,原来是这么有趣。于是,日本书市上顿时引发了"说明书"热,并且衍生出一大批跟风之作。

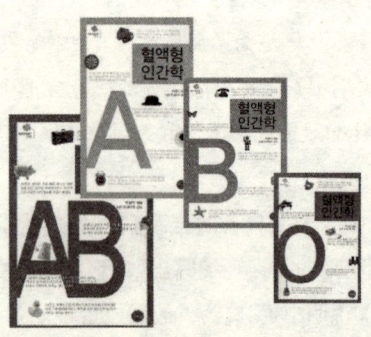

韩国也跟风!正热卖的一套四本血型说明书。

包括《青春期说明书》、《独生子女使用说明书》、《女性血型使用说明书》、《妹妹说明书》、《爱猫人说明书》、《爱狗人说明书》……这些书都创造出了不凡的销售业绩,不能不说,这多半是"说明书"这一形式的功劳。

而"最潮血型说明书"系列,又当之无愧是说明书系的开山鼻祖。或许未来在中国,我们也会看见形形色色的说明书,而我们自己或许也会有兴趣亲自动手,来写一本关于自己的说明书。

附录二

I'm Jamais Jamais
(作者官网 Logo)

Jamais Jamais
——血型人最透彻的密友

难以想象的"血型迷信"

在日本,无论是征婚征友还是找工作,人们常会听到一句问话:"你什么型?"

这个"型"可不是造型,也不是性格,而是——

血型。

没错,在日本,有着不可思议的血型迷信。根据立命馆大学心理学系的国民调查报告,有80%的日本成年人相信血型能决定一切。美联社评论:在日本,血型甚至可以决定一个人的命运。

为此,婚介公司向征婚人提供血型匹配度测试;一些企业依照血型录用员工、安排岗位；幼稚园把小朋友按血型分组看管；就连在北京奥运会上夺得女子棒球冠军的日本队也依照队员血型制定不同的训练方案。而日本的出版物中，血型书占据了相当的数量，每年都有成千上万本出版、发行。

这种血型迷信风潮不仅影响人们的日常交往、就业，连在政党竞选、商业招标等重大活动中，候选人也要先标明自己的血型。现任日本首相麻生太郎，就通过在个人官网上标注自己是A型血，而打败了身为B型血人的政治对手小泽一郎。

真可谓是个全民迷信血型的社会！

AB 型很冷漠吗？

根深蒂固的血型迷信底下，是根深蒂固的偏见。

"A型人循规蹈矩、尊重上级；B型人单纯、散漫；O型人乐观进取、有创造力；AB型人虽说有点摸不透，好歹还有A型人严谨的一面……"

相比起被严重歧视的B型人（有些征婚和招聘启事中会专门标注不要B型人喔），在日本，AB型人的处境稍微好一点。AB血型的人不安于现状，富有创新精神，很多大有建树的人都是AB血型的人。

然而，任何事情呢，都有"负面"。

由于很多时候AB型人比较关注自我，兴趣也比较多变,在人际交往和工作接触上,AB型人往往被人误解。

"AB型人讲求实际,有点冷漠无情。"

这是人们对AB型人的典型印象。

然而实际上,AB型在帮助别人时,是最无保留的。

"AB型的人太过善变,让人无法捉摸。"

其实AB型的人在内心都有自己的坚持,只不过不愿意对人说罢了。

如此如此,这般这般。

这是人们心中的普遍观念(你有没有觉得耳熟呢?)好像条件反射似的,大众在接触到一个AB型人的时候,尚未探索他的内心和真实态度,就已经不由自主地在对方身上"啪"一声盖了个戳。

其实,AB型人也很有爱

这一切"傲慢与偏见"的状况,终止于2008年!

因为一位神秘人物Jamais Jamais横空出世!

Jamais Jamais出生于东京,从事的是创意性的工作——建筑设计。这是一位不折不扣的神秘人物,至今也没有任何人知道他的年龄和性别!不过,我们晓得他极具天才、并有着常人所不具备的敏锐观察力和超强感受力就是了!

或许有人会质疑,"他又不是AB型人,怎么可能写得准确!"

（作者应该是 B 型人。）

不对。真正的天才是跨越一切领域的。且看《AB 型人说明书》在日本是如何大卖，又如何冲上 2008 年日本十大年度畅销书的第九名，就知道它有多被 AB 型人认同了！

真正的 AB 型人是什么样子？

是有着鲜明的自我原则也关心他人感受的人。

"就算孤军奋战，也绝不转移立场。"

"会将脑仁掰成俩，同时使用。"

"帮助别人是不需要理由的。"

"我不在这里哦~你们看见的只是我的躯壳。"

……

"这才是真正的我嘛！"许多 AB 型人，看后会这样说。

这是一本真正具有里程碑意义的作品。因为,它让整个日本社会的观感为之改变。很多非AB型人,开始了解到AB型人"手舞足蹈、漫天撒欢"的背后,也有着一颗细腻、温和与感情丰富的心;而AB型人,也能拿着这本书,大大咧咧地向对方介绍自己:"嗨,我呢,就是这个样子的。和你们想象的可是完全不一样!"

这样,才是作者希望看到的吧!

考试前一天,各血型人是这样聚在一起复习的。

附录三

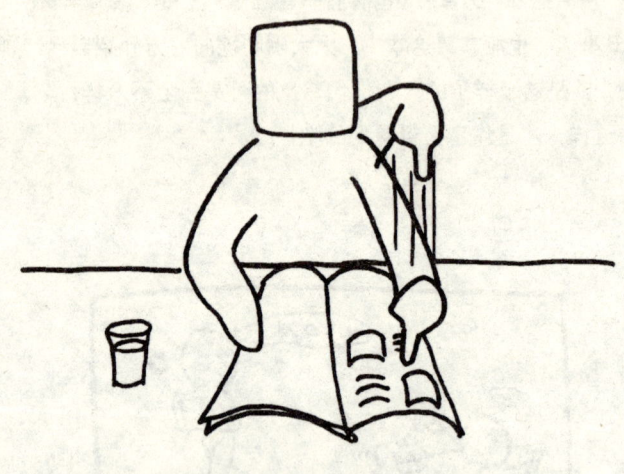

有趣！你所不知道的血型常识

什么是血型

血型是对血液分类的方法。

全世界的人类中，一共存在着三十多种血型。但占据绝大部分的，是ABO血型系统。

ABO血型系统，也是人类最早认识的血型系统。1900年，奥地利维也纳大学病理研究所的卡尔·兰德施泰纳发现，健康人的血清对不同人类个体的红细胞有凝聚作用。如果把取自不同人的血清和红细胞成对混合,可以分为 A、B、C(后改称 O)三个组。后来,他的学生 Decastello 和 Sturli 又发现了第四组,即 AB 组。

这样,我们就有了四种最基本的血型:A 型、B 型、O 型和 AB 型。

血型的出现顺序

O 型血是一种古老的血型;A 型血是第二常见的血型;与 O 型和 A 型相比,B 型是人类学上较晚出现的血型,这类人是最早习惯于气候和其他变迁的游牧民族,也叫做游牧血型。AB 型为最晚出现、最稀少的血型,占总人口不到 5%。

世界的血型分布

如果将全世界看做一个大村落,那么,O 型血占 63% 的人口,A 型血为 21%,B 型血为 16%,AB 型则不到 5%。

但不同种族、地区的人的血型分布也不一样。哪怕是同一种族中,不同的族群也会有差别。

欧洲社会至今仍然是A型+O型社会,并且O型的比例要高一些。

在亚洲,B型是最典型的血型,但并不是说亚洲人中B型最多,而是亚洲的B型比例在世界范围内是最高的。几个B型比例最高的国家全部出自亚洲,如印度、蒙古。

在日本,A型血最多,紧接着是O型血,然后是B型,最后是AB型。

现在是我们的中国:根据《人类血型遗传学》中的调查,中国大陆各民族ABO血型比率是A占27.9%,B型占29.2%,O型占34.4%,AB型占8.5%。AB型人可以说是不折不扣的珍稀物种!

中国的血型分布

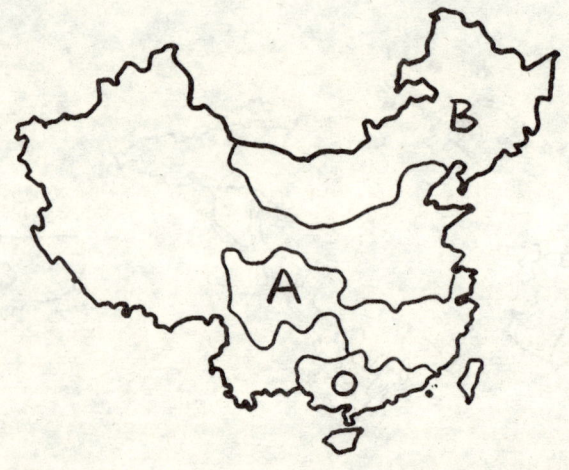

中国A、B、O型分布最多的地区

汉族原来也是A型血比例最高的民族。但由于以B型血为主的北方游牧民族入侵所造成的混血,使华北沿长城一带的B型血比例很高。蒙古族、满族的B型血比例都相当高,达到40%。

A型血比例最高的地区,是上海、湖南、江西和四川。

广东广西、福建和海南人以及大部分南方少数民族O型比例最高,占总人口40%以上。

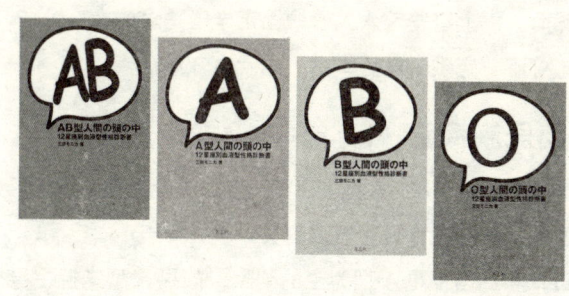

跟风书系之《各血型人与十二星座》

血型与性格

从血型发现伊始,人们便逐渐发现,同一血型的人,性格上也有着若干相同之处。那么,血型是否真的影响、甚至决定了性格?

最早提出"血型性格说"的,是日本学者古川竹二。1927年,古川作出"人因血型不同,而具有各自不同的气质;同一血型,具有共同的气质"的论断。他认为,A型内向保守、多疑焦虑、富感情、缺乏果断性、容易灰心丧气;B型外向积极、善交际、感觉灵敏、轻诺言、好管闲事；O型胆大、好胜、喜欢指挥别人、自信、意志坚强、积极进取；AB型的人兼有A型和B型的特征。

现在，有关血型和性格的关联研究已经持续了近80年，尤其是在日本和韩国，"血型性格论"已深入人心，从谈恋爱到找工作，大家都会先拿出血型进行衡量。

20多年前，"血型性格"学说一度传入中国，并且以汹涌之态留下了相当深的心理烙印。父母辈的人，普遍觉得A型人最博爱，B型人很自私，O型人富有创造力，AB型人性格比较分裂。

然而，以上这些深入人心的固定学说是对的么？

这可不一定哦，看看本书，你就会知道！

血型与民族特征

美国O型占46%，A型占40%。美国人崇尚自我意志、竞争和坦率等等，多与这种O型气质有关。

日本和德国都是A型为主的国家。如果A型掌握主导权，那么即使在同样的A型+O型的社会中，也会表现为强烈的集团归属感、重视原则、抑制个性、尊重规律、富于牺牲精神和坚持不懈等A型品质。欧美以A型居多的国家是德国，A型占45%，O型占41%的德国人，其踏实、精细和周密的国民性与日本人的确非常相近。

亚洲的特征是B型为主。印度、中亚、蒙古、中国北部、东北部和北朝鲜等，B型均占30%~40%，有的地方甚至超过50%。相对于重视逻辑、言行规范的西方文化，亚洲的思想更加空灵和飘逸。

以印度为发源地、散布于世界各地的吉普赛人是B型民族，正如从吉普赛人和蒙古民族身上所看到的，B型民族活动范围广大，喜欢四处漂泊迁徙,这同强调安定的A型+O型民族恰成鲜明对照。之所以没有单一的B型国家或B型+O型国家,可能就是因为B型天性善于四处闯荡,并一视同仁地和其他种族混血。B型为主体的民族善于创造新的文明,却不善于发展这些文明。

血型真的影响性格吗?

但血型影响性格的说法,在血型的发现地——西方却鲜有人捧场。血型源于先天遗传,如果能决定性格,则说明性格是由遗传决定。但西方的心理学调查报告显示,人的性格只有30%~40%与遗传有关,其余60%~70%来源于后天的学习、环境等影响。也就是说,性格更多由后天因素决定。

因此,"血型性格论"未能在西方流行起来。迄今为止,大多西方人对自己的血型并不关心,除非是出于医疗上的需要。

即使在血型迷信成风的日本,立命馆大学的一位心理学副教授也指出:"这是一种迷信。把血型与性格联系在一起,不仅不科学,而且是错误的。"

问题就来啦!

那么，我们究竟要不要相信血型呢?

其实，压根儿不用想那么多。知道自己是AB型人，知道AB型有哪些可爱的地方和哪些讨人厌的地方，更重要的是，通过一一打勾，你能更加了解你自己，也更能向别人介绍你自己。这就够啦!

附录四

AB 型名人大印证

执著务实的理性主义者——比尔·盖茨

"我不会是那种到老死都默默无闻的人!"
"不会三分钟热度。"
"觉得一旦闲下来,就会死掉。"

——《AB 型人说明书》

AB血型的比尔·盖茨是我们这个时代的一个神话,他创建的微软帝国在人类的沟通历史上开创了一个无限自由的新纪元。他身上拥有典型的AB型人的人格特质:头脑冷静、力求完美、极富主见。他曾经给过年轻人这样一条忠告:"这世界在你有成就以前不会在意你的自尊,成功才是你的人格资本。"

盖茨在幼年时代便对人生有着冷静的观察和思考,渴望改变世界,第一崇拜的人物是拿破仑。他是一个著名的工作狂人,活力充沛,在工作中**"头脑的反应速度非常快,而且不会死机"**,令人叹为观止。一旦他认定目标,绝对**"不会三分钟热度"**,而是全力以赴,直到达到心中的理想图景。

高效和专注是盖茨的一贯作风。在研究DOS系统时,盖茨打电话告诉母亲,他将"消失"六个月,以完成与国际商用机器公司的交易。盖茨的时间观念极强。他曾说过一个著名的比喻:"人生就像是一场正在猛烈燃烧着的火灾,你所能做的就是竭尽全力的从这场火灾中去抢救点什么出来。"外界曾经一度盛传他"每日工作至凌晨四点"。盖茨对自己的一个普通工作日的描述是:"早晨9点上班,工作至午夜。其间与一些同事共进午餐。午夜之后,我乘车回家,读1小时如《经济学家》之类的杂志。" 1993年,他每周仍然工作6天,每天工作13个小时。务实和精干是盖茨成功的原因,也是微软崛起和赢得霸主地位的保证。

拥有这样的竞争对手是一件恐怖的事。1991年,盖茨的一位同行这样评价他:"我们希望比尔成家,养一大群孩子,或许他会因此变得温和些。"

极具冒险精神的传媒大王——默多克

"相比'按部就班',会选择'一击即中'。"
"对于周围人集体认真思考'不可能的任务',而感到困惑。"
——《AB 型人说明书》

AB血型是四种血型中最讲求合理性的血型,然而却也是最具冒险精神的血型。这个血型中有一类人极具冒险性,总是不满于现状,想跳出圈外,建造自己心中的理想世界。平凡普通的东西很难让他们提起兴趣。他们经常做出出人意表的决定,而且一旦他们认为时机成熟,他们便表现得义无反顾,从不优柔寡断。

国际知名的传媒巨子默多克是AB血型,他是一个典型的冒险家。22岁时默多克接管了原由其父经营的《阿德莱德日报》。这份报纸在当时还只是一份默默无闻的小报。凭借自己出色的经营才干,他把报纸办得蒸蒸日上。几年后,他收购了一家地方性报纸,从此他的冒险行为一发不可收拾。他接连买下澳大利亚的多家报纸,并迅速向国际传媒领域扩张,短时间内就建起了一个势力遍及整个澳大利亚及美洲、欧洲、亚洲等几个大陆的传媒帝国,他本人也因此成为一名世人瞩目的世界报业大亨。

默多克一生都在做着让金融界大跌眼镜的冒险事件。每当评论界认为那已是他最后的一次收购时,他都会用新的更大手笔的收购行为打破人们的论断。就在1988年他的纽斯集团负债100亿美元时,分析界人士纷纷预言他将无力再进行扩张,然而此时他却以30亿美元接收了三角出版公司,完成了他有生以来最宏大的工程。

性格悠游的中西文化交流大使——林语堂

"有自己的人生观。"

"不会去挖掘别人的'可恨之处'。会去挖掘'可爱之处'。"

"同意'自己是自己,人家是人家'。"

——《AB型人说明书》

AB血型的人往往都有自己的一套人生哲学。他们当中有一类内心清透,极富才华和幽默感,却不愿为功名所累的人。这些人用"另外一只眼"看世界,有很强的自我优越感,与世无争,性情平和,喜欢悠游和情调。

林语堂是著名的中西文化交流大使,学贯东西,性格风趣幽默,充满了东方民族的睿智和机警,又具有自然逍遥、无拘无束的精神。从行事风格和处世态度来看,他具有典型的AB型血特质。

他曾经讲过一个关于"世界大同"的著名的笑话："世界大同的理想生活，就是住在英国的乡村，屋子里安装有美国的水电煤气管子，有个中国厨子，日本太太以及一个法国情妇……"

他的幽默也体现在日常生活中。一次，几个朋友揶揄他："林语堂，你是谁？"他笑答道："我也不知道是谁，只有上帝知道。"

是公主，也是天使——奥黛丽·赫本

"挂着笑容是一件再自然不过的事。"
"帮助别人是不需要理由的。"

——《AB 型人说明书》

她是"优雅"的代名词，是降临凡间的天使，她的微笑足以让整个世界为之倾倒，她就是那个精灵一样的人物——奥黛丽·赫本。《罗马假日》使她为全世界的人所瞩目，她纯洁清新、优雅迷人的银幕形象使人毫不怀疑她本人就是一位真正的公主。

作为典型的 AB 血型的人，赫本脸上永远挂着天使般的微笑，很少有激动兴奋等不安定情绪。而且令人感动的是，她并非徒有天使般的面孔和笑容，在内心深处，她也像天使一样充满着对他人的同情与爱。她在晚年投身于公益事业，向贫困的孩子伸出了慈爱之手。1988年,联合国儿童基金会聘请她担任"亲善大使",在之后的五年里,她的足迹遍及世界各地——埃塞俄比亚、苏丹、土耳其、中非、南非、越南、索马里。这一点也很符合AB血型人的善解人意和富有人情味。

纯真的性感女神——玛丽莲·梦露

"看起来不像,但内心却实在很纯真。"

"脱离常轨的人生。"

"一旦行走在一条笔直延伸的大道上,就突然想来个急转弯。"

——《AB型人说明书》

AB血型的人身上有诸多相互矛盾的特质,在旁人看来,他们的人生似乎充满了混乱,又拥有着不可思议的神秘性。性感女神玛丽·莲梦露就是这样的一个典型。

身为AB血型人的梦露有着曲折繁复的人生历程。她最为崇拜的人物之一是林肯,一生都在梦想能让世人承认她的演技,然而却始终被好莱坞当成花瓶和性感偶像。她这样说道:"有些人很不友善,如果我说我想成长为一位女演员,有人就会审视我的身材,如果我说我想提高,获取更高演技,他们就会大笑不止,他们其实并不认为我会对自己的表演认真。"

荧屏之上,她媚眼如丝笑靥如花,荧屏之下,她却并没有得到想要的幸福人生。她有过数次不成功的婚姻,渴望被爱,却始终无法得到真爱,她的意外死亡也扑朔迷离,究竟是不是真的自杀众说纷纭,令人唏嘘。

以爱情为食粮的女人——伊能静

"有一个管理烦恼的ON/OFF开关。咔嗒。"
"只要有恋人在身边就好,即使不说话也是幸福的。"
"会深深沉浸于童话中的幻想世界。"

——《AB型人说明书》

伊能静是一个敏感细腻的艺人,这一点从她的歌和她的影视作品中可以得到印证。她是AB血型的人,身上汇集着AB型女孩的典型特征:多愁善感、温柔痴情。不过她在骨子里是明朗的,总会很坦然地面对和处理自己的情绪。用她的话来说,快乐的时候她会忧伤这样的快乐可以持续多久;忧伤的时候,她又会快乐的安慰自己再坏也不过如此。

伊能静在少女时代便跻身歌坛,成为当红的偶像。她的成功与她的努力是分不开的。而作为重感情的AB血型人,伊能静曾就自己的爱情写了一本"生死遗言"的情书,还发表了大量的以恋爱为主题的文艺作品。AB血型的女人一旦付出就会是百分之百的真诚,而且极少会有改变。不过遗憾的是,AB型的女人虽然渴望爱情也勇于去爱,但往往在现实中美梦难圆。2009年3月,伊能静的童话爱情宣告破裂,这个爱写诗爱做梦的秋水伊人,不知将会在何处靠岸。

其他AB型名人

政治界

周恩来——万众爱戴的好总理

约翰·肯尼迪——美国前总统

演艺界

赵忠祥——央视著名节目主持人

杨澜——著名电视节目主持人

李连杰——世界著名武打影星

刘德华——香港影视歌坛常青树

成龙——世界著名武打影星

周慧敏——香港影坛玉女派掌门人之一

孙燕姿——华人音乐新生代天后

哈里森·福特——好莱坞著名"硬汉派"影星

约翰尼·德普——美国著名影星

金喜善——韩国著名女星

李英爱——有"氧气美女"之称的韩国女星

体育界

刘翔——奥运会男子110米跨栏金牌得主

商界

巴菲特——美国"股神"

他们也可能是 AB 型人

梵高——19世纪荷兰画家。后期印象画派代表人物,19世纪人类最杰出的艺术天才。画作色彩浓烈夸张,极具表现力和独创性,对艺术狂热。AB血型往往会出现此类的大艺术家。

阮籍——三国时期魏国的名士,"竹林七贤"之一。为人放逸不羁、不拘形迹,其行径与心性令人难以捉摸,是典型的 AB 型个性。

庄子——春秋战国时代著名思想家和散文家,道家学派代表人之一。崇尚自然,极具幽默感,热爱自由,视功名利禄为浮云,**"根本不把头衔什么的放在眼里"**,是 AB 型的做派。

尼采——19 世纪德国哲学家,并极具艺术天赋,能写一手好诗文。具有分裂型人格。有些 AB 型的人由于大脑过于发达,无法平衡自我与外界的关系,而导致人格分裂。

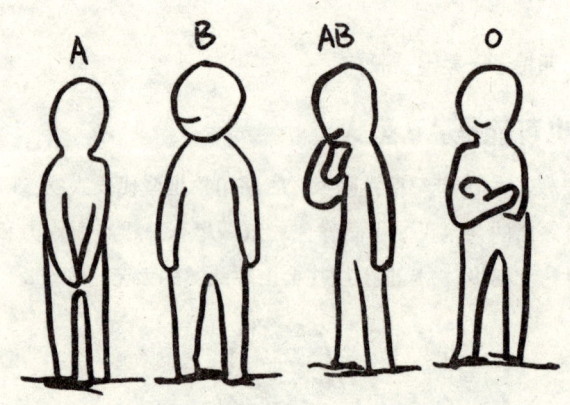

当各血型人处于人群中时……

图书在版编目（CIP）数据

AB型人说明书／[日]雅梅雅梅著绘；徐曼青译．
—海口：南海出版公司，2009.3
（最潮血型说明书：4）
ISBN 978-7-5442-4372-8

Ⅰ.A… Ⅱ.①雅… ②徐… Ⅲ.血型－关系－性格－通俗读物
Ⅳ.B848.6-49
中国版本图书馆CIP数据核字（2009）第041174号
版权合同登记证号：30-2008-276

最潮血型说明书 系列

丛书主编／黄利　　监制／万夏
项目创意／设计制作／紫图图书 ZITO

AB-XINGREN SHUOMINGSHU
AB 型 人 说 明 书

著　　绘	[日]雅梅雅梅（Jamais Jamais）
翻　　译	徐曼青
责任编辑	黄　利
封面设计	紫图装帧
出版发行	南海出版公司　电话（0898）66568511
社　　址	海南省海口市海秀中路51号星华大厦五楼　邮编570206
电子信箱	nanhaicbgs@yahoo.com.cn
经　　销	南海出版公司　电话（0898）66568511
印　　刷	北京盛兰兄弟印刷装订有限公司
开　　本	787毫米×1092毫米　1/32
印　　张	9
字　　数	50千
版　　次	2009年5月第1版　2009年5月第1次印刷
书　　号	ISBN 978-7-5442-4372-8

南海版图书　版权所有　盗版必究